国家示范性高等职业院校工学结合系列教材

园 林 工 程 计 价

廖 雯 主 编

吴小青 冉 林 副主编

陈真付 主 审

中国建筑工业出版社

图书在版编目（CIP）数据

园林工程计价/廖雯主编. —北京：中国建筑工业出版社，2012.11

ISBN 978-7-112-14909-4

Ⅰ.①园…　Ⅱ.①廖…　Ⅲ.①景观-园林建筑-建筑工程-工程造价-教材　Ⅳ.①TU986.3

中国版本图书馆 CIP 数据核字（2012）第 276816 号

责任编辑：朱首明　刘平平
责任设计：李志立
责任校对：张　颖　刘　钰

国家示范性高等职业院校工学结合系列教材
园林工程计价

廖　雯　主　编

吴小青　冉　林　副主编

陈真付　主　审

*

中国建筑工业出版社出版、发行（北京西郊百万庄）

各地新华书店、建筑书店经销

北京红光制版公司制版

化学工业出版社印刷厂印刷

*

开本：787×1092毫米　1/16　印张：9¾　字数：238千字

2013 年 5 月第一版　　2013 年 10 月第二次印刷

定价：**23.00** 元

ISBN 978-7-112-14909-4

（22973）

前　　言

本教材以北京东方园林股份有限公司（一级企业、甲级设计，2011 年产值 29.8 亿元。还是中国园林第一股，中国最具规模的环境景观建设公司之一。是集园林规划设计、施工、苗木产品、运营养护全产业链发展的城市景观生态系统运营商）为依托，以园林造价员岗位设计课程，按照工作任务流程设计教学任务，并将岗位技能课程内容以及园林造价员部分岗位职责融入课程，保证学生在专业知识、专业操作技能、职业素质、方法能力等方面达到岗位要求。基于以上任务分析结果，编制了适于采用项目教学法教学的工学结合教材。

本教材的特点：

1. 深入浅出。教材的编写按教学特有的规律，由浅入深，逐步讲解。有志从事园林景观计价这一行者，没有基础或基础较差者，通过自学，也能学会。

2. 实用通俗。教材内容上将实用性放在第一位，在文字上力求简练、通俗，利用图表，步骤清晰。特别适合初学者及自学者使用。

3. 内容翔实。在有限的篇幅内，不仅介绍了园林工程计价相关知识、园林工程造价费用的构成与计算、园林工程预算定额，还按计价文件编制的两种方法，分别介绍了园林工程定额计价的方法和园林工程工程量清单计价的方法，还介绍了结算文件的编制等内容。

4. 注重规范性、政策性。工程量计量及计价方法均按国家最新的规范〈中华人民共和国国家标准《园林绿化工程工程量计量规范》（GB 500858—2013）及《建设工程工程量清单计价规范》（GB 50500—2013）〉编写。

5. 注重理论联系实际。培养动手能力，强化实际训练。园林工程计价各类文件的编制，均具有较强的实践性。为帮助学生学习，本教材除设有思考题以外，还配有实例 24题；每一实例后，都配有相应的单项实训题，共计 28 题，为使学生系统地掌握有关知识，为了和造价员岗位进行接轨，使学生学习完本课程后就具备初级造价员的工作能力，还配有综合实训题 3 题。

本教材与以往教材最大的不同点是：将理论学习与实际训练结合起来。每一实例后面都配有相应的实训练习。也就是说学生听完老师的讲解之后，可立刻在相应的实训题中进行练习（教材和练习册是统一的），以加深理解所学知识及检验学习成果。并且每一项目前有"学习目标"，对各部分学习提出要求；每一项目后有"小结"，对要点知识进行归纳总结。

本教材适用于国家示范院校重点建设专业课程改革的高职高专及普通大中专院校，还适用于园林施工企业培训技术管理人员及提高员工专业素质，它还是园林计价知识普及的一个读本。可作为公共选修课或专业选修课的教材。

　　本教材在编著过程中，得到了北京东方园林股份有限公司的大力支持，工程经营总经理冉林担任本教材副主编、合约总监周杰参与了本教材的编写工作，工程总监陈真付担任本教材主审，在此深表感谢。

　　本教材的主编为江苏建筑职业技术学院廖雯；副主编还有吴小青；参编有田秋红和单迪。

　　由于编著时间有限，书中难免有疏漏与不完善之处，愿广大读者来函来电多提宝贵意见，以便共同提高。

目　　录

项目一　园林工程计价相关知识

【学习目标】

了解：园林植物、园林工程概念、分类、建设程序、步骤、计价的特征。

熟悉：园林工程项目的划分、计价的模式、建设程序与计价间的关系。

掌握：园林工程造价确定的原理、园林工程施工图的识读。

单元一　园　林　工　程

一、园林工程概念

园林是在一定的地块，以山石、水体、建筑和植物为要素，遵循科学和艺术的原则创作而成的优美空间环境。

绿化工程是指树木、花卉、草坪、地被植物等的植物种植工程。

园林工程是指在一定地域内运用工程及艺术手段，通过改造地形、建造建筑（构筑）物、种植花草树木、铺设园路、设置小品和水景等途径创造而成的自然环境游赏休息的设施和绿化是栽种植物以改善环境的活动。

园林工程属于艺术范畴。

二、园林工程的分类

根据不同的分类标准，园林工程大致可分为以下几类：

1. **按建设形式不同分**

(1)新建工程——按新设计出的园林图纸进行建设的工程。

(2)扩建工程——在原有园林工程基础上扩大规模，进行建设的工程。

(3)改建工程——对原有的园林工程进行改造的工程。

(4)迁建工程——一处的园林工程迁往另一处。

(5)恢复工程(又称重建工程)——因一些因素，园林工程被毁坏，在原有基础上按原有设计进行建设的工程。

2. **按建设过程不同分**

(1)筹建工程——正在准备开工的园林工程。

(2)施工工程(又称在建工程)——已开工并正在施工的园林工程。

(3)投产工程——已经竣工验收，并且交付使用的园林工程。

(4)收尾工程——已经竣工验收，并且交付使用，但还有少量扫尾工作的园林工程。

3.按建设规模不同分

大、中、小型工程。一般按其规模或全部投资额划分。

4.按资金来源渠道不同分

(1)国家投资工程——国家预算计划内直接安排的园林工程项目。

(2)自筹建设工程——国家预算计划外，地方或企业自筹资金建设的园林工程项目。

(3)外资项目——国外资金投资的园林工程项目。

(4)贷款项目——通过银行贷款的园林工程项目。

三、园林工程建设的程序

园林工程建设程序是指园林工程建设工作中必须遵循的先后顺序。

一般有如下的步骤：

(1)提出项目建议书；

(2)进行可行性研究，提出设计任务书；

(3)编制设计文件；

(4)签订施工合同、进行开工准备；

(5)全面开展施工；

(6)进行开园准备；

(7)竣工验收、交付使用；

(8)工程项目后评价。

园林工程建设主要程序如图 1-1 所示。

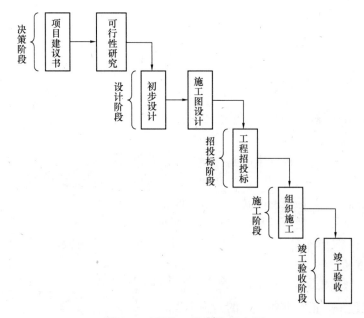

图 1-1　园林工程建设程序图

四、园林工程项目的划分

　　一个工程建设项目由若干个单项工程组成；一个单项工程项目由若干个单位工程组成。一个单位工程由若干个分部工程组成。预算定额一般划分为：①绿化种植；②绿化养护；③假山工程；④园路及园桥工程；⑤园林小品工程五个分部工程，一个分部工程可划分为若干个分项工程（子目）。例如：绿化种植中的起挖乔木（带土球），按土球直径分为20、30、40、50、60、70、80、100、120、140、160、180、200、240、280、300cm 以内等子目。

　　《园林绿化工程工程量计量规范》分为附录 A 绿化工程；附录 B 园路、园桥工程；附录 C 园林工程三个分部工程。每个分部工程又由若干个分项工程项目组成，如：绿地整理由伐树、挖树根、砍挖灌木丛及根、砍挖竹及根、砍挖芦苇及根、清除草皮、清除地被植物、屋面清理、种植土回（换）填、整理绿化用地、绿地起坡造型、屋顶花园基地处理组成。园林工程项目划分如图 1-2 所示。

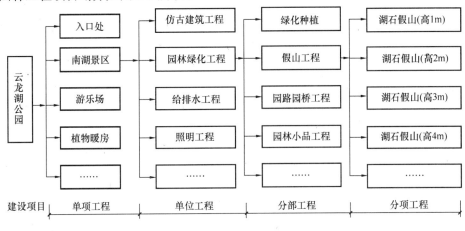

图 1-2　园林工程项目的划分

单元二　园林植物的识别

　　园林植物是构成园林工程的主体材料，也是发挥园林绿化效益的主要素材。要正确计算出园林工程的造价，作为园林工程的计价人员，要了解园林植物的基本形态及类型，要会区分植物的种类。

一、园林植物的形态

　　园林植物种类繁多，形态各异。不同园林植物器官的形态千差万别。为了应用方便，我们通常根据植物器官的形态特征进行识别。园林植物有根、茎、叶、花、果实、种子六大器官。

(一)园林植物的根

园林植物的根通常呈圆柱形，越向下越细，向四周分枝，形成复杂的根系。我们把一株植物所有的根称为根系。

1. 根的类型①定根；②不定根。

2. 根系的类型

根系常有一定的形状，按其形状的不同可分为直根系和须根系两类。

3. 根的变态

园林植物的根为了适应环境，在形状、结构、功能上发生了变化，并能传给后代，发生了根的变态。根的变态有贮藏根、气生根和寄生根。

(二)园林植物的茎

茎是植物的重要营养器官，也是运输养料的重要通道。通常植物的茎根据质地或生长习性的不同，可分为下列几种类型。

1. 依茎的质地分，有①木质茎；②草质茎；③肉质茎。

2. 依茎的生长习性分，有①直立茎；②缠绕茎；③攀缘茎；④匍匐茎。茎的类型如图 1-3 所示。

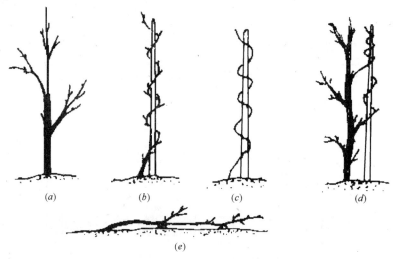

图 1-3 茎的类型

(a)直立茎；(b)左旋缠绕茎；(c)右旋缠绕茎；(d)攀缘茎；(e)匍匐茎

(三)园林植物的叶及叶序

1. 叶的组成及形状

(1)叶的组成

叶的大小相差很大，但它们的组成部分基本是一致的，叶可分为叶片、叶柄和托叶三部分。具备此三部分的叶称完全叶。但也有不少植物的叶缺少叶柄和托叶，这些缺少一个部分或两个部分的叶，都称为不完全叶。

(2)叶的类型

叶的类型有①单叶；②复叶。

复叶根据小叶树目和叶轴上排列的方式不同，主要可分为四种类型。

①单身复叶；②羽状复叶；③三出复叶；④掌状复叶。复叶类型如图1-4所示。

图1-4　复叶类型

A—单身复叶；B—简化的偶数羽状复叶；C、D—奇数羽状复叶；E—偶数羽状复叶；F—盾状三出复叶；
G—羽状三出复叶；H—掌状三出复叶；I、J、K—掌状复叶；L—盾状四出复叶

2. 叶序

叶在茎枝上排列的次序或方式称叶序。常见的叶序有下列几种：

①互生；②对生；③轮生；④簇生(丛生)叶序类型如图1-5所示。

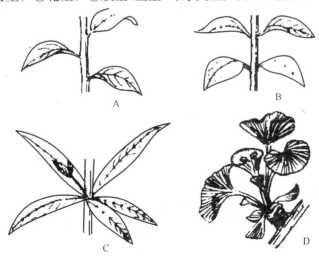

图1-5　叶序类型

A—互生；B—对生；C—轮生；D—簇生

(四)园林植物的花及花序

1. 花的组成

典型被子植物的花一般是由花梗、花托、花萼、雄蕊群和雌蕊群几部分组成的，花的组成见图1-6。其中雄蕊和雌蕊是花中最重要的生殖部分，有时合称花蕊；花萼和花瓣合称花被，有保护花蕊和引诱昆虫传粉的作用；花梗和花托起支持花各部的作用。

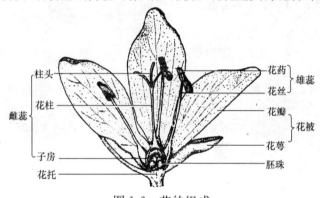

图1-6　花的组成

2. 花的类型

被子植物的花，在长期的演化过程中，它的大小、数目、形状、内部构造等方面，都会发生不同程度的变化。花的类型多种多样，通常按照花部组成情况等将花分为下列几种类型：①完全花和不完全花；②重被花、单被花和无被花；③两性花、单性花和无性花；④辐射对称花、两侧对称花、不对称花。

3. 花序

花在花枝或花轴上排列的方式，称花序。根据花序的结构和花在花轴上开放的顺序，可分为无限花序和有限花序两大类。

(1) 无限花序（总状花序类）；

(2) 有限花序（聚伞形花序）。

花序的类型如图1-7所示。

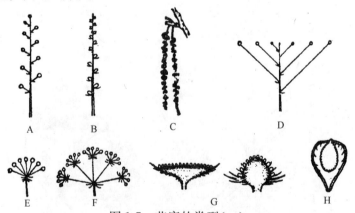

图1-7　花序的类型(一)

A—总状花序；B—穗状花序；C—肉穗花序；D—柔荑花序；E—伞房花序；
F—伞房花序；G—伞形花序；H—复伞房花序

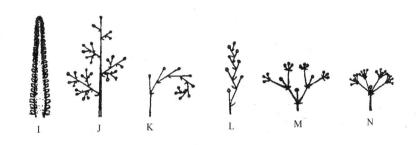

图 1-7　花序的类型(二)

I—头状花序；J—隐头花序；K—二岐聚伞花序；L、M—单岐聚伞花序；N—多岐聚伞花序

(五)园林植物的果实

卵细胞受精以后，随着胚珠发育成种子的同时，子房发育成果实。由子房发育成果实称为真果，由子房外花的其他部分发育成的果实称为假果。有些植物未经过受精，子房也能发育成果实，这种现象称单性结实。单性结实所形成的果实不含种子，是无籽果实。

1. 果实的构造

果实是由果皮和种子组成的。果皮是由子房壁发育而成的，或称为果壁。果皮通常分为三层，即外果皮、中果皮、内果皮。果皮的构造、色泽以及各层果皮发达的程度因植物种类而异。

2. 果实的类型

果实的类型很多，根据果实的来源、结构和果皮性质的不同可分为单果、聚合果和聚花果三大类。

(1) 单果——由一朵花中只有一个雌蕊(单雌蕊或复雌蕊)的子房发育而成的果实。根据果皮的质地不同可分为肉质果和干果两类。

肉质果有

1)浆果。如枸杞、葡萄等。

2)柑果。如橙、柚、柑、橘、柠檬等。

3)核果。如桃、杏、李、梅等。

4)瓠果。如南瓜、丝瓜、黄瓜等。

5)梨果。如苹果、梨、山楂、枇杷等。

肉质果的类型如图 1-8 所示。

(2)聚合果——一朵花中有多数离生心皮，单雌蕊，每一个雌蕊形成一个单果，许多单果聚生于花托上，称聚合果。

(3)聚花果(称复果)——由整个花序发育成的果实。每朵花长成一个小果，许多小果聚生在花轴上，类似一个果实。如桑葚、无花果、凤梨等。

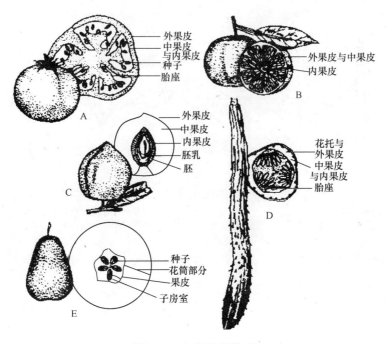

图 1-8　肉质果的类型

A—浆果；B—柑果；C—核果；D—瓟果；E—梨果

二、园林植物的分类

园林植物种类繁多，范围甚广，它们在形态、习性、栽培管理、园林应用等诸多方面各不相同，为了学习中识别方便，我们根据园林植物应用、习性及自然界中不同类群的起源、亲缘关系以及进化发展规律进行分类。

(一)人为分类

人为分类仅就植物形态、习性、用途上的不同进行分类，往往用一个或少数几个性状作为分类依据，而不考虑亲缘关系和演化关系。园林植物的分类对于不同的目的而言，有不同的人为分类方法。

1. 按生活型分类

生活型是植物对于生境条件长期适应而在外形上体现出来的植物类型。植物生活型外形特征包括大小、形状、分支状态及寿命。一般植物可分为乔木、灌木、藤本、一年生草本、二年生草本、多年生草本等。

2. 按观赏部位分类

按观赏部位可分为观叶植物、观花植物、观茎植物、观芽植物、观果植物。

3. 按园林用途分

按园林植物在园林中的配置方式，可分为行道树、庭荫树、花灌木、绿篱植物、垂直绿化植物、花坛植物、地被植物、草坪植物、室内装饰植物等。

(二)自然分类

自然分类系统，就是根据植物的系统发育和植物间的亲缘关系来编排。一般来说，按以下 7 个层次划分，即：

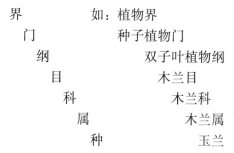

界　　　　如：植物界
门　　　　　种子植物门
纲　　　　　　双子叶植物纲
目　　　　　　　木兰目
科　　　　　　　木兰科
属　　　　　　　木兰属
种　　　　　　　玉兰

三、园林植物名称释解

(一)木本植物：木本植物即树木，是指根和茎因增粗生长形成大量的木质部，而细胞壁也多数木质化的坚固的植物。地上部分为多年生。根据树木的生长习性不同，可分为乔木类、灌木类、藤本类、地被类、竹木类。

(1)乔木：树体高大(6m以上)直立的树木，具有明显主干，各级侧枝区别较大，分枝离地较高的树木。根据叶形特点分为阔叶树和针叶树，根据是否落叶分为常绿树和落叶树。

(2)灌木：树体矮小(通常在6m以下)，主干低矮，无明显主干，分枝离地较近，分枝较密的树木。根据是否落叶分为常绿灌木及落叶灌木。

(3)藤本类：茎柔软，不能直立，必须缠绕或攀附其他物体向上生长的木本植物。依其生长特点可分为①缠绕类；②吸附类；③卷须类；④蔓条类。

(4)地被类：干、枝匍地生长，与地面接触部分可生出不定根而扩大占地范围。

(5)竹木类：乔本科的竹类木本植物。

(二)草本植物：一年、两年或多年内完成其生命周期。一般茎木质部不发达，茎多汁，较柔软。

(三)水生植物：指生长于水中或沼泽地的植物。按其生活习性和生长特性，分为挺水植物、浮水植物、漂浮植物、沉水植物等类型。

四、常用苗木

见表 1-1。

常　用　苗　木　　　　　　　　　　　　　　　　　　表 1-1

苗木名称		常　用　苗　木
乔木	常绿乔木	雪松、桧柏、龙柏、石楠、广玉兰、罗汉松、湿地松、桂花、金桂、香樟、杜英
	落叶乔木	毛白杨、垂柳、国槐、龙爪槐、红枫、鸡爪槭、枫香、法桐、水杉、池杉、玉兰、银杏、合欢、紫叶李、栾树、榉树、重阳木、七叶树、花石榴

苗木名称		常 用 苗 木
灌木	常绿灌木	含笑、南天竹、黄杨、剑麻、龟甲冬青、日本女贞、金森女贞、火荆、栀子花
	落叶灌木	紫薇、丁香、海棠、小叶女贞、金叶女贞、金钟、连翘
草本植物		阔叶麦冬、黑麦草、马尼拉草、天堂草、马蹄金、高扬茅、白三叶、三叶草、玉簪、百慕大草
竹类植物		刚竹、淡竹、毛竹、紫竹、金簪玉竹、凤尾竹
水生植物		水生菖蒲、水生鸢尾、睡莲、千屈菜、水蒲草、再生花

单元三 园林工程施工图识读

一、园林工程施工图的组成

园林工程的施工图是用来指导施工的一套图纸。它将整个园林工程按照施工的部位、形状、大小、性质不同进行分类。

一套园林施工图，根据其作用和内容的不同，可分为三部分。

(一) 图纸目录和总说明

1. 目录

目录包括：

(1) 文字或图纸的名称、图别、图号、图幅、基本内容、张数。

(2) 图纸编号以专业为单位，各专业各自编排各专业的图号。

(3) 对于大、中型项目，应按照以下专业进行图纸编号：园林、建筑、结构、给排水、电气、材料附图等。

(4) 对于小型项目，应按照以下专业进行图纸编号：园林、建筑及结构、给排水、电气等。

(5) 每一专业图纸应该对图号加以统一标示，以方便查找。

2. 总说明

总说明的内容包括工程概况和施工要求。具体内容：

(1) 设计依据及设计要求；

(2) 设计范围；

(3) 标高及标注单位；

(4) 材料选择及要求；

(5) 施工要求；

(6) 经济技术指标。

(二) 园林施工图

1. 总施工图

包括总平面图、总竖向图、道路放线图、水系放线图、种植图、索引图。

一般园林总施工图部分包括：

(1) 总平面图；

(2) 分区平面图；

(3) 竖向设计图；

(4) 放线定位图；

(5) 铺装平面图；

(6) 索引图；

(7) 种植平面图。

对于简单小型工程，可不做分区平面图，并将竖向设计图与放线平面图合并，将铺装平面图与索引图合并。

2. 分施工图

包括各个分区放线图。

3. 详施工图

各个节点、小品、构筑物大样图、平面立面剖面图、结构配筋图。

(三) 专业施工图

1. 给排水施工图

包括供水和排水设计图、喷灌系统设计图、喷泉系统设计图等。

2. 电气照明施工图

包括照明设计图、电缆布置图和配电箱系统图等。

二、识读园林工程施工图

(一) 园林总平面图的识读

总平面图是拟建的园林绿地所在的地理位置和周边环境的平面布置图。主要反映的是园林工程的现状、所在位置、朝向及拟建建筑周围道路、地形、绿化等情况，以及该工程与周边环境的关系和相对应位置等。见附图-1。

(二) 园林平面图的识读

通过对园林平面图的识读，了解施工图的性质、范围和朝向；了解整个园区的地形、布局，明确新建园林小品和景物的平面位置；了解植物配置情况，种植要求等。

(三) 地形施工图的识读

通过对地形施工图的识读，了解工程设计的内容、所处方位和整个地形地貌的走向；根据等高线的分布及高程的标注，了解地形高低变化、水体深度、种植要求高度、起伏状况等；了解园林小品的标高以及山石、道路的高程，由此注意排水方向；通过阅读施工图纸的坐标确定施工放线依据和相对位置。

(四) 园林施工放线图的识读

园林绿化工程放线图主要包括道路、广场、园林小品放线网络，坐标原点、坐标轴、主要点的相对坐标、标高等。该图主要用于施工放线、确定标高，测算工程量。

(五) 园林种植施工图的识读

通过对园林种植图的识读，了解工程的设计意图、绿化目的和所要达到的绿化效果，明确种植要求，以便组织施工，做出工程预算，以及明确选苗时的注意事项等；了解工程所处方位，当地季节主导风向，根据图示植物编号，对照苗木统计表和有关的种植说明要求；了解所需种植的种类、数量、大小规格、培植方式，苗木选用要求，栽植地区客土层的处理，客土或种植土的土质要求、施肥要求，重点地区采用大规格苗木采取的号苗措施、苗木编号及定位等；明确植物种植的位置及定点放线的基准。

(六) 园林建筑施工图的识读

1. 一般园林建筑施工图的识读

园林建筑施工图包括建筑的平面图、立面图、剖面图及建筑详图。园林建筑施工图是反映建筑物各种形状、构造、大小及做法的施工图，它是园林建筑施工的重要依据。

从园林建筑平面图我们能够了解图名、比例、方位、明确平面的形状和大小、轴间尺寸、柱的布局及断面形状。在对照平面图的同时可以阅读立面图和剖面图，了解园林建筑的外貌形状和内部构造以及各个构造的标高、做法等。在识读完毕上述图纸后，通过识读详图明确各部位的形状、大小及构造。再根据详图符号的索引符号及剖切符号，找到相应的所指部位，对照识图。见附图-6～附图-9。

2. 假山施工图的识读

假山根据使用材料的不同可分为：土山、石山、塑假山等。以常见的石山为例，假山施工图主要包括平面图、立面图、剖面图、基础平面图、基础详图、做法说明等。

平面图主要表示假山的平面布置，各个部位的平面形状，周围地形和假山在总平面中的位置，山峰、制高点、山谷、山洞的平面位置、尺寸以及各处高程，可以了解比例、方位、轴线编号。见附图-5（a）。

立面图则表现山体的立面造型及主要部位、高度，可与平面图配合阅读来反映山石的峰、峦洞、壑的相互位置。从立面图中可以了解到山体各个部位的形状和高度，结合平面图辨析其前后层次及其布局特征。见附图-5（b）。

剖面图表示的是假山比较复杂之处的内部构造及结构形式，以及断面形状、材料、做法、施工要求等。

基础平面图及基础详图则是表示基础的平面位置及形状、材料、做法、施工要求等。见附图-5（c）。

做法说明主要以文字表述的形式，介绍山石的形状、大小、纹理、色泽的选择原则，山石纹理处理方法、堆石手法，接缝处理手法，山石用量控制等。

3. 驳岸工程施工图的识读

驳岸施工图包括驳岸平面图、断面图及详图。驳岸平面图表示驳岸线的位置与形状。

一般驳岸线因为平面形式多为自然曲线，无法标注各部尺寸，为便于施工，一般采用方格网控制。详图则是表示某一区段的构造、尺寸、材料、做法要求及主要部位的标高（岸顶、最高水位、基础尺寸等）。

4. 园路工程施工图的识读

园路施工图是指导园林道路施工的技术性图纸，能够清楚地反映园林道路网和广场布局。主要包括平面图、纵断面图、横断面图和做法说明。

平面图主要表示园路的平面布置情况，包括园路所在范围内的形状及建筑设施、路的宽度与高程、路面纵向坡度、路中标高、中心广场及四周标高和排水方向，一般用坐标方格网控制园路的平面形状、道路及广场的铺装纹样，雨水口的位置、详图等。见附图-1。

纵断面图是沿道路中心线纵向垂直剖切的一个立面。见附图-2、附图-3。

横断面图是道路中线上各垂直于路线前进方向的竖向剖面图，一般与局部平面图相配合，表示园路的断面形状、尺寸、各层材料、做法、施工要求、路面布置及艺术效果等。为了便于施工，对具有艺术性的铺装图案应绘制平面大样板图，并标注尺寸。

做法说明中指明施工放线的依据，路面强度，铺装缝线容许尺寸，路牙与路面结合部的做法，路牙与绿地结合部的高程、做法等。

5. 水池施工图识读

为了清楚地反映水池的设计，便于指导施工，通常要做水池施工图。水池施工图是指导水池施工的技术性文件，通常包括平面图、剖面图、各单项土建工程详图等。

平面图主要表示水池与周围环境、建筑物、地上地下管线的距离，对于自然水池轮廓可用方格网来控制。水池平面图还包括周边地形标高，以及池岸岸顶标高、池底转折点与池底标高、排水方向，进水口、排水口、溢水口的位置、标高、泵坑的位置、标高等。见附图-4（a）。

剖面图是介绍池岸、池底及进水口的高程，池岸、池底结构、表层、防水层、基础的做法，池岸与山石、绿地、树木结合部的做法，以及池底种植水生物的做法。见附图-4（c）、（d）。各单项土建工程详图一般介绍了泵坑、给排水管线、配电的布局等。

（七）园林结构施工图的识读

1. 基础施工图的识读

基础图是表示建筑物相对标高±0.000以下基础部分的平面布置图、详细结构图。基础图通常包括基础平面图、基础详图和说明三部分。

基础平面图，按照绘图规范只画出基础墙、柱及其基础底面的轮廓线，其他基础线段只反映在详图中。基础平面图一般表示出与建筑平面相一致的定位轴线编号和轴线尺寸。

基础详图一般是用较大的比例绘制出的基础局部构造图，并在图中表示基础各部分的形状、大小、构造及基础的埋置深度，并用规范的图例来表示基础各部位所有的建筑材料。

2. 园林结构平面图的识读

结构平面图是表示园林建筑室外地面以上各层平面承重构件的布置的图样，一般包括图名、比例、定位轴线及其编号、轴线尺寸、楼层结构构件的布置和施工说明。

屋顶结构平面图是表示屋顶结构平面布置的图，其图示内容与一般楼层结构的施工图相同。

    3. 钢筋混凝土构件详图的识读

    钢筋混凝土构件详图是钢筋翻样、制作、绑扎、现场支模、浇筑混凝土的依据。详图中一般标有：构件的名称、代号、比例；构件定位轴线及其编号；构件形状、尺寸、预埋件代号及布置；构件的配筋；钢筋尺寸和构造尺寸，构件底面标高；施工说明等。

(八) 园林给排水施工图的识读

    给排水施工图可分为室内给排水施工图和室外给排水施工图两大类，它们一般都是由基本图和详图组成的。基本图包括管道平面布置图、剖面图、系统轴测图、原理图和说明。

    园林工程中还包括水景工程、绿地喷灌工程，这类工程施工图主要包括管道总平面图、系统图和详图。

    园林给排水施工图一般包括园林管线工程综合平面图和管线交叉标高图和说明等。管线工程综合平面图采用的比例与一般园林施工图的比例相同，交叉管线复杂时一般采用局部放大比例。在综合管线平面图中标注了各种管线具体的位置、管线交叉点、转折点、坡度变化点、管线起止点等，一般用坐标点加以区分，并标注了管线的定位尺寸。因为园路采用了不规则的布局，所以管线为了精确布置采用网络法标注。园林管线工程图中包含雨水管、污水管、给水管等。排水管采用雨水、污水分流，每段管长、管径、坡度、流向均用数字和箭头准确标注。

(九) 园林电气施工图

    园林电气施工图一般包括图纸目录、施工设计说明、电气平面图、电气系统图、电气原理图和详图、主要设备材料表等。

    电气平面图是表示各种电气设备及线路平面布置的图纸，一般包括电力平面图、照明平面图、防雷接地平面图及弱电平面图等。照明平面图就是在建筑平面的基础上绘出的电气照明装置、线路分布、照明配电箱的平面位置。

    电力系统图是用比较抽象的电力图形符号来概括工程的供电方式的一种图样，集中反映了电气工程的规模和电气设备的主要参数。

    电气详图由安装工程的局部安装大样、构件构造等组成，主要表明电气设备安装和电气线路敷设的详细做法和要求。

单 元 四　园 林 工 程 计 价

一、园林工程计价

(一) 园林工程计价的概念

    园林工程计价是指对园林工程造价（或价格）的计算。

园林工程计价的主要特点是将一个工程项目分解成若干分部分项工程或按有关计价依据规定的若干基本子目，找到合适的计量单位，采用特定的估价方法进行计算，组合汇总，得到该工程项目的工程造价。

（二）园林工程计价的特征

1. 单件性计价

由于园林产品生产的单件性决定了每个园林工程项目都必须根据工程自身的特点按一定的规则单独计算工程造价。

2. 多次性计价

由于建设工程生产周期长、规模大、造价高，因此必须按建设规定程序分阶段分别计算工程造价，以保证工程造价确定与控制的科学性。对不同阶段实行多次性计价是一个从粗到细、从浅到深、由概略到精确、逐步接近实际造价的过程。具体过程见表1-2。

工程多次性计价　　　　　　　　　　　　　　表1-2

阶　　段	主要工作	工程造价	计价类型
决策阶段	项目建议书	投资估算造价	投资估算
设计阶段	方案设计	概算造价	设计概算
	技术设计	修正总概算造价	
	施工图设计	预算造价	施工图预算
实施阶段	工程招投标	标底、投标价	工程量清单计价
	签订合同	合同价	承包合同价
竣工阶段	竣工验收	结算造价	竣工结算
	交付使用	最终造价	竣工决算

3. 组合性计价

由于园林工程项目层次性和工程计价本身特点要求，决定工程计价从分项工程（基本子项）—分部工程—单位工程——单项工程——建设项目依次逐步组合的计价过程。

4. 计价形式和方法多样性

工程计价形式和方法有多种，目前常见的工程计价方法有定额计价法（施工图预算计价法）和清单计价法（工程量清单计价法）。

5. 计价依据的复杂性

由于影响园林工程造价的因素很多，因此计价依据种类繁多且复杂。计价依据是指计算工程造价所依据基础资料的总称。它包括各种类型定额与指标、设计文件、招标文件、工程量清单、计量规范、人工单价、材料价格、机械台班单价、施工方案、费用定额及有关部门颁发的文件和规定等。

（三）园林工程计价的模式

园林工程计价方法目前有两种：即定额计价法和工程量清单计价法。

1. 定额计价法。它是利用园林工程预算定额进行计价的一种方法。定额计价法又有两种方式——单价法、实物法。采用较多的是单价法。它是一种传统的计价方式。

2. 工程量清单计价法。它是指完成工程量清单中一个规定计量单位项目的完全价格

（包括人、材、机、企业管理费、利润、风险费）的一种方法。目前采用的是综合单价法。它是一种国际上通行的计价方式。严格讲，我国现阶段实行的综合单价法与国际上通行的方法不完全相同，它仍属不完全价格。

二、园林工程造价确定的原理

园林工程计价是以单位工程为对象编制的。

工程项目的划分是工程项目——单项工程——单位工程——分部工程——分项工程，是层层分解的关系。园林工程计价是从分项工程量计算开始，然后套预算定额计算出分项工程费，汇总，计算出分部工程费。再汇总，计算出单位工程费，计算出措施项目费、其他项目费，最后，根据有关取费文件计算出工程的总造价或对工程量清单按项目特征进行组价，计算出分部分项清单费、措施项目清单费、其他项目清单费、规费、税金。

三、园林工程建设程序及与园林工程计价间的关系

园林工程建设程序及与园林工程计价间的关系密不可分。

（1）项目建议书、可行性研究阶段编制投资估算。

（2）初步设计阶段编制设计概算。

（3）施工图设计阶段编制施工图预算。

（4）招投标阶段编制标底、报价。

（5）单位工程或单项工程竣工验收阶段编制竣工结算。

（6）建设项目全部竣工阶段编制竣工决算。它们之间的关系如图 1-9 所示。

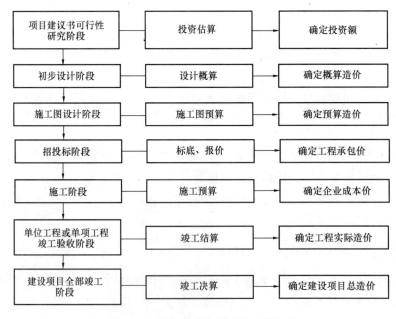

图 1-9 建设程序与计价间的关系

小 结

本项目分四部分。介绍了与园林工程计价相关的一些知识。包括园林工程、分类、建设程序、工程项目的划分；园林植物的形态、分类、名称释解、常用苗木；园林工程施工图的组成、施工图的识读；园林工程、造价确定的原理、园林工程建设程序及与园林工程计价间的关系等知识。为下一步学习园林计价文件的编制做了准备。

思 考 题

1. 什么是园林工程？什么是绿化工程？谈谈园林工程的分类。
2. 园林工程项目是如何划分的？
3. 什么是园林工程造价？园林工程计价的特征有哪些？
4. 谈谈园林工程计价的模式及园林工程造价确定的原理。
5. 为什么要学习园林工程造价？
6. 怎么学习园林工程造价？

单 项 实 训 一

【实训 1-1】 识别本地区常见园林植物。完成表 1-3 中的园林植物调查表。

表 1-3

苗木名称	本地区常种苗木
乔木	
灌木	

【实训 1-2】 园林工程施工图识读

分组识读大龙湖公园园林施工图纸（图纸见附图）。

项目二　园林工程造价费用的构成与计算

【学习目标】

了解：园林工程造价的组成。

熟悉：园林工程计价程序。

掌握：园林工程造价各项费用的计算。

单元一　园林工程造价费用的构成

园林工程造价由分部分项工程费、措施项目费、其他项目费、规费和税金组成。见表2-1。

园林工程造价构成　　　　　　　　　　　　表 2-1

序号	费 用 名 称	计 算 公 式
1	分部分项工程费	Σ工程量×综合单价
2	措施项目费	①Σ工程量×综合单价 ②分部分项工程费×费率 ③按约定
3	其他项目费	按约定
4	规费	(1+2+3)×费率
5	税金	(1+2+3+4)×税率
6	工程造价合计	1+2+3+4+5

一、分部分项工程费

分部分项工程费——指为完成项目施工，发生于该工程过程中的工程实体项目。包括人工费、材料费、机械费、管理费、利润。

1. 人工费：是指直接从事园林工程施工的工人开支的各项费用。内容包括①基本工资；②工资性津贴；③生产工人辅助工资；④职工福利费；⑤劳动保护费。

基本工资——是指发放给工人的基本工资，包括基础工资，岗位工资，绩效工资等。

工资性津贴——是指企业发放的各种性质的津贴，补贴。包括物价补贴，交通补贴，住房补贴，施工补贴，误餐补贴，节假日（夜间）加班费。

工人辅助工资——是指工人年有效施工天数以外非作业天数的工资。包括职工学习、培训期间的工资，因气候影响的停工工资，女工哺乳时间的工资，病假在六个月以内及产、婚、丧假期的工资。

职工福利费——是指按规定标准计提的职工福利费。

劳动保护费——是指按规定标准发放的劳动保护用品、工作服装补贴，防暑降温费，高危险工种施工作业防护补贴费等。

2. 材料费：是指施工过程中耗费的构成工程实体的苗木、辅助材料、构配件、零件、半成品的费用和周转使用材料的摊销费用。内容包括：①苗木原价；②苗木运杂费；③运输损耗费；④采购及保管费。

苗木原价——指苗木出场价格。

苗木运杂费——苗木自来源地运至施工工地或指定堆放地点所发生的全部费用。

运输损耗费——苗木在运输装卸过程中不可避免的损失。

采购及保管费——为组织采购，供应和保管苗木过程所需要的各项费用。包括：采购费，工地保管费，储存费和储存损耗。

3. 机械费：是指施工机械作业所发生的机械使用费、机械安拆费和场外运费。施工机械台班单价应有下列费用组成：①折旧费；②大修费；③经常修理费；④安拆费及场外运费；⑤人工费；⑥燃料动力费；⑦车辆使用费。

折旧费——施工机械在规定的使用年限内，陆续收回原值及购置资金的时间价值。

大修理费——指施工机械按规定的大修理间隔台班进行必要的大修理，以恢复其正常功能所需的费用。

经常修理费——指施工机械除了大修理以外的各级保养和临时故障排除所需的费用。包括为保障机械正常运转所需替换设备与随机配备工具用具的摊销和维护费用，机械运转及日常保养所需润滑与擦拭的材料费用及机械停滞期间的维护和保养费用等。

安拆费及场外运费——安拆费指施工机械在现场进行安装与拆卸等费用，场外运费指施工机械整体或分体自停放地点运至施工现场或由一施工地点运至另一施工地点的运输、装卸、辅助材料及架线等费用。

人工费——指机上司机和其他工作人员的工作日人工费及上述人员在施工机械规定的年工作台班以外的人工费。

燃料动力费——指施工机械在运转作业中所消耗的固体燃料（煤、木炭），液体燃料（汽油、柴油）及水电等。

车辆使用费——指施工机械按照国家规定和有关部门规定应缴纳的车船使用税，保险费及年检费等。

4. 企业管理费：是指园林企业组织施工和经营活动所发生的费用。内容包括：

（1）管理人员的基本工资、工资性津贴、职工福利费、劳动保护费等。

（2）差旅交通费：指企业职工因公出差、住勤补助费、市内交通费和误餐补助费、职工探亲路费、劳动力招募费、工地转移费以及交通工具油料、燃料、牌照等。

（3）办公费：指企业办公用文具、纸张、账表、印刷、邮电、书报、会议、水、电、燃煤、燃气等费用。

（4）固定资产使用费：指企业属于固定资产的房屋、设备、仪器等的折旧、大修、维修或租赁费用。

（5）生产工具用具使用费：指施工生产所需不属于固定资产的生产工具、检验用具、仪器仪表等的购置、摊销和维修费，以及支付给工人自备工具的补贴费。

（6）工会经费及职工教育经费：工会经费是指企业按职工工资总额计提的工会经费；职工教育经费是指企业为职工学习培训按职工工资总额计提的费用。

（7）财产保险费：指企业管理用财产、车辆保险。

（8）劳动保险补助费：包括由企业支付的六个月以上的病假人员工资、职工死亡丧葬补助费、按规定支付给离休干部的各项经费。

（9）财务费：是指企业为筹集资金而发生的各种费用。

（10）税金：指企业按规定交纳的房产税、车船使用税、土地使用税、印花税等。

（11）意外伤害保险费：企业为从事危险作业的建筑安装施工人员支付的意外伤害保险费。

（12）工程定位、复测、点交、场地清理费。

（13）非甲方所为四小时以内的临时停水停电费用。

（14）企业技术研发费：建筑企业为转型升级、提高管理水平所进行的技术转让、科技研发、信息化建设等费用。

（15）其他：业务招待费、远地施工增加费、劳务培训费、绿化费、广告费、公证费、法律顾问费、审计费、咨询费、联防费等。

5. 利润：是指施工企业完成所承包工程获得的盈利。

二、措施项目费

措施项目费——是指为完成项目施工，发生于施工准备和施工过程中的技术、生活、安全、环境保护等方面的非工程实体项目费用。

"措施项目"是相对于工程实体的分部分项工程而言。

所谓非实体性项目，一般来说，其费用的发生和金额的大小与使用时间、施工方法或者两个以上工序相关，与实际完成的实体工程量的多少关系不大，典型的是大中型施工机械、文明施工和安全防护、临时设施等。但有的非实体性项目，则是可以计算工程量的项目，典型的是混凝土浇筑的模板工程及脚手架。

措施项目费由通用措施项目费和专业措施项目费两部分组成。

（一）通用措施项目费包括

1. 现场安全文明施工措施费：为满足现场施工安全、文明施工以及环境保护、职工健康生活所需要的各项费用。本项目为不可竞争费用。

（1）安全施工措施包括：安全资料的编制、安全警示标志的购置及宣传栏的设置；"三宝"、"四口"、"五临边"、防护的费用，包括电箱标准化、电器保护装置、外电防护标志；起重机、塔吊等起重设备（含井架、门架）及外用电梯的安全防护措施（含警示标志）费用及卸料平台的临边防护、层间安全门、防护棚等设施费用；建筑工地起重机械的检测费用；施工机具防护棚及其围栏的安全保护设施费用；施工现场安全防护通道的费用；人工的防护用品、用具购置费用；消防设施与消防器材的配置费用；电气保护、安全照明设施费；其他安全防护措施费用。

（2）文明施工措施包括：大门、五牌一图、人工胸卡、企业标识的费用；围栏的墙面美化（包括内外粉刷、刷白、标语等）、压顶装饰费用；现场厕所便槽刷白、贴面砖，水泥砂浆地面或地砖费用，建筑物内临时便溺设施费用；其他施工现场临时设施的装饰装修、美化措施费用，现场生活卫生设施费用；符合卫生要求的饮水设备、淋浴、消毒等设施费用；生活用洁净燃料费用；防煤气中毒、防蚊虫叮咬等措施费用；施工现场操作场地的绿化费用；现场污染源的控制、建筑垃圾及生活垃圾清理、场地排水排污措施的费用；防扬尘洒水费用；现场绿化费用、治安综合治理费用、现场电子监控设备费用；现场配制医药保健器材、物品费用和急救人员培训费用；用于现场人工的防暑降温费、电风扇、空调等设备及用电费用；现场施工机械设备防噪声、防扰民措施费用；其他文明施工措施费用。

（3）环境保护费用包括：施工现场为达到环保部门要求所需要的各项费用。

（4）安全文明施工费由基本费、现场考评费两部分组成。

基本费是施工企业在施工过程中必须发生的安全文明措施的基本保障费。

现场考评费是施工企业执行有关安全文明施工规定，经考评组织现场核查打分和动态评价获取的安全措施增加费。

2. 夜间施工增加费：规范、规程要求正常作业而发生的夜班补助、夜间施工降效、照明设施摊销及照明用电等费用。

3. 冬雨期施工增加费：在冬雨期施工期间所增加的费用。包括冬季作业、临时取暖、建筑物门窗洞口封闭及防雨措施、排水、工效降低等费用。

4. 已完成工程保护费：对已施工完成的工程和设备采取保护措施所发生的费用。

5. 临时设施费：施工企业为进行工程施工所必须搭设的生活和生产用的临时建筑物、构筑物和其他设施等费用。

（1）临时设施包括：临时宿舍、文化福利及公用事业房屋与构筑物、仓库、办公室、加工厂等。

（2）园林工程规定范围（建筑物沿边起50m以内，多幢建筑两幢间隔50m内）围墙、临时道路、水电、管线和塔吊基座（轨道）垫层（不包括混凝土固定式基础）等。

6. 检验试验费：施工企业按规定进行建筑材料、构配件等试样的制作、封样和其他为保证工程质量进行的材料检验试验工作所发生的费用。

根据有关国家标准或施工验收规范要求对材料、构配件和建筑物工程质量检测检验发生的费用由建设单位直接支付给所委托的检测机构。

7. 赶工措施费：施工合同约定工期比定额工期提前，施工企业为缩短工期所发生的费用。

8. 工程按质论价费：施工合同约定质量标准超过国家规定，施工企业完成工程质量达到经有权部门鉴定或评定为优质工程所必须增加的施工成本费。

通用措施项目费见表2-2。

序号	项 目 名 称
1	安全文明施工（含环境保护、文明施工、安全施工、临时设施）费
2	夜间施工费
3	冬雨期施工费
4	已完工程及设备保护费
5	临时设施费
6	企业检验试验费
7	赶工措施费
8	工程按质论价费

（二）园林工程各专业工程措施项目费包括

脚手架、模板、支撑、绕杆、假植等。见表 2-3。

专 业 项 目 表 表 2-3

序号	项 目 名 称	序号	项 目 名 称
1	脚手架	4	绕杆
2	模板	5	假植
3	支撑		

措施项目的编制需考虑多种因素，除工程本身的因素以外，还涉及水文、气象、环境、安全等因素。若出现规范未列的项目，可根据实际情况补充。

三、其他项目费

其他项目费：对工程中可能发生或必然发生，但价格或工程量不能确定的项目费用的列支。

1. 暂列金额：工程中暂定并包括在合同价款中的款项，用于施工合同签订时尚未明确或不可预见的所需材料、设备和服务的采购、施工中可能发生的工程变更、合同约定调整因素出现时的工程价款调整及发生的索赔、现场签证确认等费用。

2. 暂估价：工程用于支付必然发生但暂时不能确定价格的材料的单价以及专业工程的金额。

3. 计日工：在施工过程中，完成发包人提出的施工图纸以外的零星项目或工作。

4. 总承包服务费：总承包人为配合协调发包人进行的工程分包、自行采购的设备、材料等进行管理、服务以及施工现场管理、竣工资料汇总整理等服务所需的费用。

四、规费

规费：是指按国家有关部门规定标准必须交纳的费用。

根据建设部、财政部"关于印发《建筑安装工程费用项目组成》的通知"【建标2003】206 号的规定，规费包括工程排污费、工程定额测定费、社会保障费（养老保险、失业保险、医疗保险）、住房公积金、危险作业意外伤害保险。规费是政府和有关权力部门规定必须缴纳的费用，编制人对《建筑安装工程费用项目组成》未包括的规费项目，在编制规费项目时应根据省级政府或省级有关权力部门的规定列项。

××省规费项目目前按照下列内容列项：①工程排污费；②社会保障费；③住房公积金。

工程排污费——包括废气、污水、固体、扬尘及危险废物和噪声排污费的内容。

社会保障费——企业为职工缴纳的养老保险、医疗保险、失业保险、工伤保险和生育保险等社会保障方面的费用（包括个人缴纳部分）。为确保施工企业各类从业人员社会保障权益落到实处，省、市有关部门可根据实际情况制定管理办法。

住房公积金——企业为职工缴纳的住房公积金。

五、税金

税金是指依据国家税法的规定应计入建筑安装工程造价内，由承包人负责缴纳的营业税、城市维护建设税以及教育费附加等的总称。

根据建设部、财政部"关于印发《建筑安装工程费用项目组成》的通知"【建标2003】206 号的规定，目前我国税法规定应计入建筑安装工程造价的税种包括营业税、城市维护建设税及教育费附加。如国家税法发生变化，税务部门依据职权增加了税种，应对税金项目进行补充。

营业税——是指以产品销售或劳务取得的营业额为对象的税种。

城市建设维护税——是为加强城市公共事业和公共设施的维护建设而开征的税，它以附加形式依附于营业税。

教育附加费——是为发展地方教育事业，扩大教育经费来源而征收的税种。它以营业税的税额为计征基数。

单元二　园林工程造价费用的计算

一、定额计价法（评价表法）计算程序

包工包料园林工程定额计价法（计价表法）计算程序。见表2-4。

园林工程定额计价法（计价表法）计算程序（包工包料） 表 2-4

序号	费 用 名 称		计 算 公 式	备 注
一		分部分项工程费	工程量×综合单价	
	其中	1. 人工费	定额（计价表）人工消耗量×人工单价	
		2. 材料费	定额（计价表）材料消耗量×材料单价	
		3. 机械费	定额（计价表）机械消耗量×机械单价	
		4. 管理费	人工费×管理费率	
		5. 利润	人工费×利润率	
二		措施项目费	分部分项工程费×费率或综合单价×工程量	
三		其他项目费		按约定
四	其中	规费	（一＋二＋三）×规费费率	按规定计取
		1. 工程排污费		
		2. 社会保障费		
		3. 住房公积金		
五		税金	（一＋二＋三＋四）×税率	按当地规定计取
六		工程造价	一＋二＋三＋四＋五	

二、清单计价法计算程序

包工包料园林工程清单计价法计算程序。见表 2-5。

园林工程清单计价法计算程序（包工包料） 表 2-5

序号	费 用 名 称		计 算 公 式	备 注
一		分部分项工程量清单费	工程量×综合单价	
	其中	1. 人工费	人工消耗量×人工单价	
		2. 材料费	材料消耗量×材料单价	
		3. 机械费	机械消耗量×机械单价	
		4. 管理费	人工费×管理费率	
		5. 利润	人工费×利润率	
二		措施项目清单费	分部分项工程费×费率或综合单价×工程量	
三		其他项目清单费		按约定
四	其中	规费	（一＋二＋三）×规费费率	按规定计取
		1. 工程排污费		
		2. 社会保障费		
		3. 住房公积金		
五		税金	（一＋二＋三＋四）×税率	按当地规定计取
六		工程造价	一＋二＋三＋四＋五	

三、园林工程造价费用的计算

（一）分部分项工程费计算

1. 园林工程的人工工资

园林工程的人工工资，可在计价表单价基础上调整为实际的工日单价，一般当地主管部门公布的工日单价只是一个参考，具体在投标报价或由双方合同中予以明确。施工企业在投标时可根据本企业实际人工用工情况竞争性报价。

例如：××省现行人工单价标准（××建价〔2012〕××号文）给出了调整标准。从2012年2月1日起执行。

（1）包工包料工程，58元。

（2）包工不包料工程，81元。

（3）点工，67元。

包工不包料、点工人工单价中中包括了管理费、利润、社会保障费和公积金。

2. 计价表中管理费按三类工程计取（18%）。目前，企业管理费率和利润率调整见表2-6。

××省园林工程企业管理费和利润费率标准 表2-6

项　　目	计算基础	管理费费率（%）			利润费率（%）
		一类工程	二类工程	三类工程	
园林工程	人工费	29	24	19	14

工程类别划分见表2-7。

园林工程类别划分 表2-7

序号	项目	类别		一类	二类	三类
	园林工程	公园广场	占地面积（m²）	≥20000	≥10000	<100000
		庭院		≥2000	≥1000	<1000
		屋顶		≥500	≥300	<300
		道路及其他		≥8000	≥4000	<4000

类别划分说明：

①园林工程：指公园、庭院、游览区、住宅小区、广场、厂区等处的园路、园桥、园林小品及绿化、市政工程项目中的景观及绿化工程等。本费用计算规则不适用大规模的植树造林以及苗圃内项目；

②园林工程的占地面积以设计图示范围为准，其中的园路、园桥、水面等面积应包含在内；

③市政道路工程中的景观及绿化工程占地面积以绿地面积为准。

3. 分部分项工程费计算：工程量乘以综合单价

（二）措施项目费计算标准

××省将措施项目费可分两类：按"项"计算的措施项目、按"费率"计算的措施项目。

措施项目费计算也相应分为两种形式：一种是以工程量乘以综合单价计算；另一种是分部分项工程费乘以费率计算。

1. 现场安全文明施工措施费：按分部分项工程费的一定费率计算。由基本费率（0.7%）、现场考评费率（0.4%）组成。该费用作为不可竞争费。

2. 夜间施工增加费：0～0.1%，根据工程实际情况，由发承包双方在合同中约定。

3. 冬雨期施工增加费：0.05%～0.2%，根据工程实际情况，由发承包双方在合同中约定。

4. 临时设施费：0.3%～0.7%，根据工程实际情况，由发承包双方在合同中约定。

5. 检验试验费：0.06%，根据有关国家标准或施工验收规范要求对建筑材料、构配件和建筑物工程质量检测检验发生的费用。按分部分项工程费的一定费率计算。除此以外发生的检验试验费，如已有质保书的材料，而建设单位或质监部门另行要求检验试验所发生的费用，及新材料、新工艺、新设备的试验费等应另行向建设单位收取，由施工单位根据工程实际情况报价，发承包双方在合同中约定。

6. 赶工措施费：1%～2.5%，由发承包双方在合同中约定。

措施项目费费率标准见表 2-8。

措施项目费费率标准

表 2-8

项　　目	计　算　基　础	费率（%）		
		园林工程		
现场安全文明施工措施费	分部分项工程费	基本费	现场考评费	奖励费（市级文明工地/省级文明工地）
		0.7	0.4	
夜间施工增加费	分部分项工程费	0～0.1		
冬雨期施工增加费		0.05～0.2		
临时设施费		0.3～0.7		
检验试验费		0.06		
赶工费		1～2.5		

（三）其他项目的计算

（1）暂列金额、暂估价按发包人给定的标准计取。

（2）计日工：由发承包双方在合同中约定。

（3）总承包服务费：招标人应根据招标文件列出的内容和向承包人提出的要求，参照下列标准计算：

1）招标人仅要求对分包的专业工程进行总承包管理和协调时，按分包的专业工程估算造价的 1%计算；

2）招标人要求对分包的专业工程进行总承包管理和协调，并同时要求提供配合服务时，根据配合服务内容和提出的要求，按分包的专业工程估算造价的 2%～3%计算。

（四）规费计算标准

规费应按照有关文件的规定计取，作为不可竞争费用，不得让利，也不得任意换调计算标准。

1. 工程排污费：按有关部门规定计取。

2. 社会保障费率 3%。计算基础为分部分项工程费+措施项目费+其他项目费。

3. 住房公积金率 0.5%。计算基础为分部分项工程费+措施项目费+其他项目费。

规费见表 2-9。

社会保障费、住房公积金费率表　　　　　表 2-9

序号	工程类别	计算基础	社会保障费率	住房公积金费率
1	园林工程	分部分项工程费+措施项目费+其他项目费	3%	0.5%

备注：①社会保障费包括养老保险费、失业保险费、医疗保险费、工伤保险费、生育保险费
②点工和包工不包料的社会保障费和住房公积金已经包含在人工工资单价中
③为确保施工企业职工社会保障权益落到实处，有关部门将对社会保障费另行制定具体管理使用办法

（五）税金的计算

按各市规定的税率计算，计算基础为不含税工程造价。

例如：××市建设局文件×建发〔2011〕1号文规定（2011年2月1日以后执行）：

1. 纳税地点在市区的企业：按 3.48%（3.477%）计取。

2. 纳税地点在县城、建制镇、工矿区的企业：按 3.41%（3.413%）计取。县、镇、工矿区另有规定的按有关部门规定的税率执行。

3. 纳税地点在乡村的企业：按 3.28%（3.284%）计取。

【实例 2-1】 ××县大沙河沿岸园林工程经计算，分部分项工程费为 540.21 万元；措施项目费为 45.34 万元；其他项目费为 15.90 万元。计算其工程总造价（工程排污费暂不计；以万元为单位，保留两位小数）。

解：见表 2-10

××县大沙河沿岸园林工程总造价　　　　　表 2-10

序号	费用名称		金额（万元）	计算公式
一	分部分项工程费		540.21	
二	措施项目费		45.34	
三	其他项目费用		15.90	
四	规费		21.05	
	其中	1. 工程排污费	0.00	
		2. 社会保障费	18.04	（540.21+45.34+15.90）×3%=18.04
		3. 住房公积金	3.01	（540.21+45.34+15.90）×0.5%=3.01
五	税金		21.23	（540.21+45.34+15.90+21.05）×3.41%=21.23
六	工程总造价		643.73	540.21+45.34+15.90+21.05+21.23=643.73

【实例 2-2】 ××市风华园小区园林工程经计算，分部分项工程清单费为 350.16 万元；假植、支撑清单费为 20.58 万元，还有现场安全文明施工费、冬雨期施工增加费、临时设施费、检验试验费、赶工费；暂列金额为 15.00 万元，计日工 200 工日。计算其工程量清单价（合同规定：措施项目费率按高线，计日工 60 元/工日，工程排污费 0.1％计取，计算基础同其他规费）。以万元为单位，保留两位小数）。

解： 见表 2-11

××市风华园小区园林工程清单费　　　　　　表 2-11

序号	费 用 名 称		金额（万元）	计 算 公 式
一	分部分项工程清单费		350.16	
二	措施项目清单费		36.54	
1	假植、支撑清单费		20.58	
2	现场安全文明施工措施费		3.85	350.16×1.1％＝3.85
3	冬雨期施工增加费		0.70	350.16×0.2％＝0.70
4	临时设施费		2.45	350.16×0.7％＝2.45
5	检验试验费		0.21	350.16×0.06％＝0.01
6	赶工费		8.75	350.16×2.5％＝8.75
三	其他项目清单费		16.20	
1	暂列金额		15.00	
2	计日工		1.20	200×60÷10000＝1.20
四	规　费		14.50	
	其中	1. 工程排污费	0.40	（350.16＋36.54＋16.20）×0.1％＝0.40
		2. 社会保障费	12.09	（350.16＋36.54＋16.20）×3％＝12.09
		3. 住房公积金	2.01	（350.16＋36.54＋16.20）×0.5％＝2.01
五	税金		14.53	（350.16＋36.54＋16.20＋14.50）×3.48％＝14.53
六	工程量清单价		431.93	350.16＋36.54＋16.20＋14.50＋14.53＝431.93

小　结

本项目分两部分，介绍了园林工程造价费用的构成及造价费用的计算，重点介绍了园林工程计价的程序，是教学中的重点。

思　考　题

1. 谈谈园林工程造价的组成。
2. 什么是园林工程的分部分项工程费？包括哪些内容？
3. 什么是园林工程的措施项目费？专业措施项目有哪些？
4. 什么是园林工程的其他项目费？包括哪些内容？
5. 什么是园林工程的规费？本地区规费包括哪些内容？

6. 什么是税金？税金的内容有哪些？

单 项 实 训 二

【实训2-1】　××市科技广场园林工程经计算，分部分项工程费为 2450.16 万元；措施项目费为 209.67 万元；其他项目费为 20.78 万元，计算其工程总造价（工程排污费暂不计，以万元为单位，保留两位小数。

解： 见表 2-12

科技广场园林工程总造价　　　　　　　表 2-12

序号	费 用 名 称		金额（万元）	计 算 公 式
一	分部分项工程费			
二	措施项目费			
三	其他项目费用			
四	其 中	规费		
		1. 工程排污费		
		2. 社会保障费		
		3. 住房公积金		
五	税金			
六	工程总造价			

【实训2-2】　××镇市民广场园林工程经计算，分部分项工程清单费为 1556.04 万元；脚手架、假植、支撑、绕杆清单费为 78.56 万元，还有现场安全文明施工措施费、冬雨期施工增加费、临时设施费、检验试验费；暂列金额为 50.00 万元，计日工 1000 工日。计算其工程总造价（措施项目费率按高线，计日工 60 元/工日，工程排污费按 0.1‰ 计取（计算基础同其他规费）。以万元为单位，保留两位小数。

解： 见表 2-13。

××镇中心区园林工程总造价　　　　　　表 2-13

序号	费 用 名 称	金额（万元）	计 算 公 式
一	分部分项工程清单费		
二	措施项目清单费		
1	脚手架、假植、支撑、绕杆清单费		
2	现场安全文明施工措施费		
3	冬雨期施工增加费		
4	临时设施费		
5	检验试验费		
三	其他项目清单费		
1	暂列金额		
2	计日工		

序号	费用名称		金额（万元）	计算公式
四	其中	规费		
		1.工程排污费		
		2.社会保障费		
		3.住房公积金		
五	税金			
六	工程总造价			

项目三　园林工程计价最重要的依据之一——园林工程预算定额

【学习目标】

了解：园林工程预算定额的定额的水平、定额的作用、人工、材料、机械台班消耗指标的确定、单价的确定。

熟悉：园林工程的术语、园林工程预算定额的结构、内容。

掌握：园林工程预算定额项目表之间的关系、园林工程预算定额的应用。

单元一　概　　述

一、园林工程预算定额的现状

园林工程预算定额以前使用的是《仿古建筑及园林工程预算定额》第四册，此定额于1989年3月1日起试行，随着物价调整，定额中所列的人工费单价、材料费的单价及机械费得单价已不符合当前的水平。为此，各省（自治区、直辖市）的定额管理部门根据当时当地工资水平，在原有园林工程预算定额基础上，加以修改和调整。××省在2007年颁布了《××省仿古建筑与园林工程计价表》。下面以《××省仿古建筑与园林工程计价表》为例进行介绍。

二、园林工程预算定额的概念

园林工程预算定额是指在正常合理的施工条件下，为完成规定计量单位、质量合格的园林分项工程产品，所需的人工、材料和施工机械台班消耗量的数量标准。

园林工程预算定额是计算园林工程分项工程综合单价的依据，也是计算其他费用的基础。

三、园林工程预算定额的作用

1. 编制预算文件的基础；
2. 编制招标控制价的依据和投标报价的参考；
3. 是编制施工组织设计的依据；

4. 是施工企业进行经济活动分析的参考；

5. 是工程结算的依据；

6. 是编制概算定额和概算指标的基础。

四、园林工程预算定额的水平

园林工程预算定额是社会平均水平。

社会平均水平是指现实的平均中等的生产条件、平均劳动熟练强度、平均劳动强度下，完成单位园林景观产品所需的劳动时间。

单元二 园林工程预算定额简介

一、园林工程预算定额的结构、内容

下面以《××省仿古建筑与园林工程计价表》为例进行介绍。

《××省仿古建筑与园林工程计价表》共分四个分册

第一册 通用项目　　　　　第二册 营造法原作法项目

第三册 园林工程　　　　　第四册 附录

与园林工程有关的是第三册及第四册

第三册 园林工程分五章

第一章：绿化种植　　　　第二章：绿化养护　　　　第三章：假山工程

第四章：园路及园桥工程　第五章：园林小品工程

第四册 附录七 名词解释（二）

（一）预算定额的结构，按其组成顺序，一般由说明部分；定额表部分；附录部分组成。

1. 定额说明部分：包括定额总说明、各章（节）说明；工程量计算规则。工程量计算规则是计算工程量的重要依据，它按分部分项工程列入相应的各分部工程（章）内。工程量计算规则和定额表格配套使用，才能正确计算分项工程的人工、材料、机械台班费及消耗量。

2. 定额表部分。定额表是定额的主体内容，用表格的形式表示出来，它是定额的主要部分；有工作内容、计量单位、定额编号、项目名称、人工、材料和机械消耗量。另外，在定额表的下方常有"注"，这也是重要的组成内容，供定额换算和调整使用。

3. 附录，一般编在预算定额的最后，主要提供编制定额的有关基础数据。内容详见图 3-1。

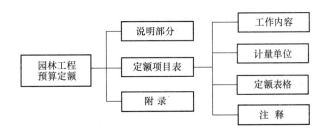

图 3-1　园林工程预算定额结构框图

（二）园林工程预算定额的内容

定额表是定额的核心内容，表 3-1 是《××省仿古建筑与园林工程计价表》中一个分项工程的定额表。由表可见，定额表格基本上包括四个方面的内容，即分项工程项目的施工工作内容，工程量计量单位，定额表格和必要的注脚所组成。现以表 3-1 栽植灌木定额表为例，详细说明表式的构成和内容。

栽　植　灌　木　　　　　　　　　　　　　　　表 3-1

工作内容：挖塘栽植、扶正回土、捣实、注水围浇水、复土保墒、整形、清理。

计量单位：10m²

定　额　编　号			3-133		3-134		3-135		3-136	
项　　目	单位	单价	栽植灌木（带土球）							
			土球直径在（cm内）							
			20				30			
			25株内/m²		11株内/m²		6.3株内/m²		4株内/m²	
			数量	合计	数量	合计	数量	合计	数量	合计
综合单价		元	52.90		62.86		83.12		109.41	
其中	人工费	元	37.00		46.25		61.79		82.14	
	材料费	元	4.06		1.80		1.56		0.98	
	机械费	元								
	管理费	元	6.66		8.33		11.12		14.79	
	利润	元	5.18		6.48		8.65		11.50	
综合人工	工日	37.00	1.00	37.00	1.25	46.25	1.67	61.79	2.22	82.14
材料	800000000 苗木 株		(10.20)		(10.20)		(10.20)		(10.20)	
	807012401 基肥 kg	15.00	(0.60)	(9.00)	(0.60)	(9.00)	(0.60)	(9.00)	(0.60)	(9.00)
	305010101 水 m³	4.10	0.99	4.06	0.44	1.80	0.38	1.56	0.24	0.98

注：单一品种成片种植（色块、色带）执行本子目，孤立种植，套用3-137及3-138子目。

定额表的左上方是"工作内容"，表示完成下表各分项工程必须要做的工作。定额表的右上方是"计量单位"，表示下面定额表中各分项工程的工程量单位。定额表下面的"注"，是对该表中相关项目的有关说明，主要是对某些分项套用定额的注意事项或换算的说明。

定额表格的第一行是"定额编号"，每个编号表示一个分项工程，如 3-133，表示栽植灌木（带土球，土球直径在 20cm 内）分项工程，该"子目"又表示竖列所标的定额项目构成要素，这些要素包括人工、材料消耗量。分项中的人工用综合人工，以工日为单位表示，综合工日指完成该子项定额规定之计量单位和工作内容所需用工的合计工日数，其消耗量为 1.00 工日/10m²，为便于计算机操作，统一了材料、机械代码。例如：苗木的代码是 800000000、基肥的代码是 807012401。

材料栏中，定额列出主要和次要材料的名称、计量单位、用量（常称为定额含量）和材料代码。

施工机械台班消耗量定额同样反映出各类机械的名称、规格、台班用量和代码。了解并熟悉定额表中各栏目及数据间关系，对正确使用定额至关重要。

概括以上分解说明可知，预算定额表格所表述的内容主要是分（子）项工程的人工、材料和机械台班消耗量的数量标准。这些消耗量标准是计算分项工程综合单价和材料价格的重要依据，因此，了解并熟悉定额表中各栏目及数据间关系，对正确使用定额至关重要。

二、园林工程预算定额项目表之间的关系

项目表由三量与三价组成。

三量——指人工消耗量、材料消耗量、机械消耗量。

三价——指人工单价、材料预算价格、机械台班价格。

项目表之间的关系

人工费＝人工消耗量×人工单价　　材料费＝∑材料消耗量×材料预算价格

机械费＝∑机械消耗量×机械台班价格

管理费＝人工费×管理费率　　　　利润＝人工费×利润率

综合单价＝人工费＋材料费＋机械费＋管理费＋利润

《××省仿古建筑与园林工程计价表》中园林工程管理费率按园林工程的三类工程计取的，管理费＝人工费×管理费费率。管理费费率为 18％。利润＝人工费×利润率。利润率为 14％。

三、园林工程预算定额人工、材料、机械台班消耗指标的确定

（一）人工消耗量指标的确定

人工消耗量指标，是指在正常的施工技术、组织条件下，为完成一定量的合格产品，或完成一定量的工作所规定的人工消耗量标准。

现行××省预算定额确定的原则是：人工不分工种、技术等级，以综合工日表示。人工消耗量的组成内容一般包括基本用工、辅助用工、人工幅度差以及超运距用工。

1. 基本用工

基本用工是指完成单位合格产品所必须消耗的技术工种用工。按技术工种相应劳动定额工时定额计算，以不同工种列出定额工日。

2. 辅助用工

辅助用工是指技术工种劳动定额内不包括而在此预算定额内又必须考虑的工时。如电焊点火用工等。

3. 超运距用工

超运距用工是指预算定额的平均水平运距超过劳动定额规定水平运距部分。可表示为：

超运距＝预算定额取定运距－劳动定额已包括的运距

4. 人工幅度差

人工幅度差是指在劳动定额作业时间之外，在预算定额应考虑的在正常施工条件下所发生的各种工时损耗。内容包括：

(1) 各工种间的工序搭接及交叉作业互相配合所发生的停歇用工；

(2) 施工机械在单位工程之间转移及临时水电线路移动所造成的停工；

(3) 质量检查和隐蔽工程验收工作的影响；

(4) 班组操作地点转移用工；

(5) 工序交接时对前一工序不可避免的修整用工；

(6) 施工中不可避免的其他零星用工。

人工幅度差的计算公式：

人工幅度差＝（基本用工＋超运距用工）×人工幅度差系数

现行××省预算定额在编制时取定的人工幅度差系数一般按 10% 取定。

(二) 材料消耗量指标的确定

材料消耗量指标，是指完成一定计量单位合格园林景观产品所规定消耗某种材料的数量标准。在定额表中，定额含量列在各子项的"数量"栏内，是计算单位工程材料用量的重要指标。

材料消耗量是由材料净用量和损耗率决定的。

净用量：是直接用于园林工程的材料数量，材料净用量的计算方法主要有以下几种：

(1) 施工图纸理论计算方法：根据设计图纸、施工验收规范和材料规格等，根据图示尺寸从理论上计算用于工程的材料净用量。消耗量定额中的材料消耗量主要是按这种方法计算的；

(2) 测定方法：根据现场测量资料计算材料用量；

(3) 经验方法：根据以往的经验值进行估算。

(三) 施工机械台班消耗量指标的确定

施工机械台班消耗量指标，是以台班为单位计算的，每台班为 8 小时。定额的机械化水平以多数施工企业已采用和推广的先进方法为标准。机械台班消耗量是以统一机械定额中机械施工项目的台班产量为基础进行计算的。同时还应考虑在合理的施工组织条件下机械的停歇等因素，这些因素会影响机械的效率，因而需加上一定的机械幅度差。

四、园林工程预算定额人工、材料、机械台班单价的确定

(一) 人工单价的确定

1. 人工单价是指一个建筑生产工人一个工作日应消耗的全部人工费。

2. 人工单价的组成内容。按照现行建设工程费用组成规定，生产工人的人工工日单价理论上由下列费用组成，详见表 3-2。

工人工日单价组成内容   表 3-2

单价组成	组成内容	单价组成	组成内容
1. 基本工资	岗位工资	3. 辅助工资	非作业工日发放的工资和工资性补贴
	技能工资		
	年功工资	4. 职工福利费	书报费
2. 工资性补贴	物价补贴		洗理费
	煤、燃气补贴		取暖费
	交通补贴	5. 劳动保护费	劳保用品购置及修理费
	住房补贴		徒工服装补贴
			防暑降温费
	流动施工津贴		保健费用

但在工程实践中，由于建筑施工企业用工方式的改变，施工企业生产工人多数来源于劳务公司，原有的工程造价中的人工单价组成内容以及计算口径已经发生了根本改变。

3. 人工单价的计算

人工单价＝基本工资＋工资性补贴＋辅助工资＋职工福利费＋劳动保护费

4. 影响人工单价的因素

(1) 社会平均工资水平；(2) 生活消费指数；(3) 劳动力市场供需变化；(4) 政府推行的社会保障和福利政策。

(二) 材料预算价格的确定

1. 材料预算价格是指苗木等材料由来源地到现场的价格。

2. 材料预算价格的组成：

(1) 原价：一般指苗木的出厂价；

(2) 包装费：为了便于材料运输或保护材料不受损失而进行包装所需的费用，包括袋装、箱装所耗用的材料费和人工费；

(3) 运杂费：指材料由产地或交货地运到工地仓库或施工现场的运输过程中所发生的各种运输费用总和，一般包括车船运输费、装卸费；

(4) 采购及保管费：指施工企业的材料供应部门，在组织材料采购、供应和保管过程中所需的各项费用。

3. 材料预算价格的计算

(1) 原价：若同一种材料因来源地、供应单位或制造厂家不同而有几种价格时，要根

据不同的来源地的供应数量比例。采取加权平均的方法计算其材料的原价；

（2）包装费：分两种情况：一种是材料出场时已由厂家包装者，其包装费已计入材料原价内，不另计算，但计算包装品的回收价值，一种是施工单位自备包装品，其包装费按原包装品的价值和使用次数分摊计算；

（3）运杂费：根据材料来源地运输距离、运费、运输损耗率的不同按加权平均的方法计算；

（4）采购及保管费＝（原价＋包装费＋运杂费）×采购与保管费率；

（5）材料预算价格＝（原价＋包装费＋运杂费）×（1＋采购与保管费率）－包装品回收值。

（三）机械台班单价的确定

1. 机械台班单价是指为使机械正常运转，一个台班中所支出和分摊的各种费用之和。

2. 机械台班单价的组成

机械台班价格由折旧费、大修理费、经常修理费、机械安装拆卸费（不包括大型机械）、燃料动力费、机械操作人工费、车船使用税等组成。

3. 机械台班单价的计算

机械台班折旧费＝机械预算价格×（1－机械残值率）/使用总台班

式中　机械残值率＝机械残值/机械预算价格　使用总台班＝机械使用年限×年工作台班

台班大修费＝一次大修理费×大修理次数/使用总台班

台班经修费＝台班大修费×K_a（K_a－台班经常维修系数，K_a＝台班经常维修费/台班大修理费，塔式起重机 K_a＝1.69，自卸汽车 K_a＝1.52 等）

单元三　园林工程预算定额应用

一、园林工程的常用术语

1. 种植土：理化性能好、结构疏松、通气，保水、保肥能力强，适宜于园林植物生长的土壤。

2. 客土：将种植地点或种植穴中不适合种植的土壤更换成适合种植的土壤，或掺入某种土壤改善理化性质。

3. 种植穴（槽）：种植植物挖掘的坑穴。坑穴为圆形或方形称种植穴，长条形的称种植槽。

4. 规则式种植：按规则图形对称配植，或排列整齐成行的种植方式。

5. 自然式种植：株行距不等、采用不对称自然配植形式的种植方式。

6. 高度：指苗木自地面至最高生长点之间的垂直距离（包括冠丛高度和主干高度）。

7. 胸径：指苗木自地面至 1.3m 处树干的直径。

8. 干径：指苗木自地面至 0.3m 处树干的直径。

9. 地径：指苗木自地面至 0.1m 处树干的直径。

10. 冠径：又称冠幅、蓬径。指苗木冠丛垂直投影面的最大直径和最小直径之间的平均值。

11. 土球：挖掘苗木时，按一定规格切断根系保留土壤呈圆球状，加以捆扎包装的苗木根部。

12. 土球直径：又称球径，植苗木移植时，根部所带泥球的直径。

13. 裸根苗木：挖掘苗木时根部不带土或带宿土（即起苗后轻抖根系保留的土壤）。

14. 假植苗木：不能及时种植时，将苗木根系用湿润土壤临时性填埋的措施。

15. 散生竹：指地面到竹丛间只有一个主干的单根种植竹。

16. 丛生竹：指自根颈处生长出数根主干的以丛种植的竹。

17. 绿篱：成行密植，作造型而形成的植物墙。

18. 地被植物：植株密集、低矮，用于覆盖地面的植物。

19. 普通花坛：成片种植的花卉或观叶植物，花坛本身无规则图形图案式样等要求。

20. 彩纹图案花坛：又称模式花坛或毛毡花坛，按照花、叶外形、色彩配置成多层次几何图形、文字的花坛。

21. 塘植水生植物：水塘泥土内种植的水生植物。

22. 盆植水生植物：花盆内种植的水生植物。

23. 攀缘植物：以某种方式攀附于其他物体上生长，主干径不能直立的植物。

24. 冷地型草：温带气候条件下生长的草种，耐低温，最适宜的生长温带为 15～25℃，耐践踏性相对较差，生长迅速，需频繁修剪。

25. 暖地型草：热带和亚热带气候条件下生长的草种，最适宜的生长温度为 26～32℃，冬季进入休眠，耐践踏性优于冷地型草。

26. 满铺草皮：采用成片覆盖式铺植的草皮。

27. 散铺草皮：铺植时草皮与草皮间留有间隙。

28. 栽种草本地被：采用条栽或穴栽方式种植的草本地被。条栽指在具一定行距的排沟中布放草苗的栽种方式；穴栽指在具一定株距的土穴中布放草苗的栽种方式。

29. 植生带：是指在化纤为原料加工成的无纺布之间（两层）播种天然草籽及混入一定的肥料，经过复合定位工序，滚成一卷卷的人造草坪植生带，经过若干天，无纺布逐渐腐烂在泥土里，草籽在土壤里培育发芽，长出一片草苗，便形成草坪。

30. 花格嵌草：指在花格地砖漏空中铺种草。

31. 喷播草：指采用机械将贮存在一定容器中的草种、肥料、水等喷到需育草的地面或斜坡上。

32. 大树：指胸径在 20cm 以上的落叶乔木和胸径 15cm 以上的常绿乔木。

33. 古树名木：古树泛指树龄在百年以上的树木；名木泛指珍贵、稀有、或具有历史、科学、文化价值以及有重要纪念意义的树木，也指历史和现代名人种植的树木，或具有历史事件、传说及神话故事的树木。

34. 三脚桩：以三根支撑桩自地面三个方向斜撑树木的支撑方式。

35. 四角桩：以四根支撑桩自地面四个方向斜撑树木，并在相邻的两根支撑桩之间配以横向桩形成井字形的支撑方式。

36. 扁担桩：以两根支撑桩垂直竖立于树木两侧，配以横向桩（板）固定树木的支撑方式。

37. 单桩：一单根支撑桩斜撑或垂直竖立紧靠树干绑缚的支撑方式。支撑桩长在 2m 以上为长单桩，支撑桩长在 2m 以下的为短单桩。

38. 铅丝吊桩：将铅丝一端缠绕在覆盖有柔软包裹物的树杆上，另一端固定在插入地面的斜向或直立的树桩上，从而固定树木的支撑方式。

39. 植物成活率：植物种植一年后成活株数占植树总数的百分比。

40. 植物保存率：次年或数年后仍生存的株数占成活株数的百分比。

41. 栽植养护期：苗木种植竣工初验前的养护（即施工期养护），纯花坛养护期为十天、树木栽植养护期为一个月。对于施工期较长的绿化工程可按种植顺序分区分期初验，并开始计算成活率期养护。对种植后一个月仍未初验，但已达到初验标准的绿化工程，自一个月末开始计算成活率期养护。

42. 成活率养护期：指绿化种植工程竣工初验后的成活率养护期限，自初验之日起（不包括初验期当日）一年内的养护。

43. 缺陷责任期养护：指根据施工合同约定，由施工企业对经过成活率养护期后新建绿地和原有绿地上的苗木养护管理。

二、园林工程预算定额的应用

下面按《××省仿古建筑与园林工程计价表》进行介绍。

园林定额应用包括两个方面：其一是根据项目名称利用定额查出相应的人工、材料、机械台班消耗量，依据此消耗量及其各自单价计算分项工程的价格或依据清单项目所列分项工程，利用定额查出相应的人工、材料、机械台班消耗量，依据此消耗量及其各自单价计算分项工程的清单综合单价，以完成工程量清单计价。其二，是利用定额求出各分项工程所必须消耗的人工、材料及机械台班数量，汇总后得出单位园林工程的人、材、机消耗总量，为园林工程组织人力和准备机械、材料作依据。也可用于计算园林工程计价时价差的调整。

应用一：园林工程造价的计算。

在计算园林工程造价时，要套用定额。有的项目可以直接套用；有的项目需要换算后套用。

1. 直接套用定额

当施工图纸设计的园林工程项目内容、做法与相应定额子目所规定的项目内容完全相同，则该项目就按定额规定，直接套用定额，确定分部分项工程综合价格或综合人工工日，材料消耗量（含量）和机械台班数量。在编制园林工程造价时，绝大多数施工项目属于直接套定额的情况。

【实例 3-1】 滨河公园内①起挖雪松（土球直径 50cm）100 株；②起挖丁香（裸根、冠幅在 50cm 内）150 株；③起挖小叶黄杨球（双排、高 40cm 内、每米 5 棵）300m；④起挖水蒲草（缸植）5 缸；⑤起挖马尼拉草（散铺）100m²；⑥栽植广玉兰（带土球 40cm）100 株。根据子目名称及做法，计算其分部分项工程费（三类工程、管理费率不调，广玉兰 35 元/株；基肥 15 元/kg）。

解：分部分项工程费计算见表 3-3。

分部分项工程费计算表　　　　　　　　　　　　　表 3-3

序号	计价表编号	分部分项工程名称	计量单位	工程量	综合单价	合　价
1	3-4	起挖乔木（雪松、土球直径 50cm）	10 株	10	96.88	968.80
2	3-48	起挖灌木（丁香、裸根、冠幅在 50cm 内）	10 株	15	5.37	80.55
3	3-58	起挖绿篱（小叶黄杨球、双排、高 40cm 内、每米 5 棵）	10m	30	19.27	578.10
4	3-86	起挖水生植物（水蒲草、缸植）	10 缸	0.5	54.21	27.11
5	3-99	起挖草坪（散铺）	10m²	10	9.10	91.00
6	3-102	栽植乔木（广玉兰、带土球 40cm）	10 株	10	418.49	4184.90
		小计				5930.46

3-102　栽植乔木（带土球 40cm）46.49＋10.20×35＋1×15＝418.49

2. 定额换算后套用

园林工程定额中各分部分项工程章节、子目的设置是根据园林工程常用的项目制定的，也就是说定额子目是按照一般情况下常见的苗木、施工方法和施工现场的实际情况而划分确定的，这些子项目可供大部分园林项目使用，但它并不能包含全部的园林项目和内容，随着园林业的发展，园林定额可能满足不了所有园林项目的需要。因而，在实际操作中，就会出现某些园林项目内容与定额子目的规定不太相符的情况。

若施工图纸设计的工程项目内容与定额相应子目规定内容不完全符合时，而且定额允许换算或调整，则应在规定范围内进行换算或调整后再应用。

常见的换算类型有：

（1）人工乘系数。

（2）人工、材料、机械的增减。

（3）超运距运输。

（4）人工单价、苗木等材料价格、工程类别等不同的换算调整。

在应用定额时，如何看一个项目是否需要换算调整？

一个项目是否需要换算调整，主要从定额的总说明、每一章前面的说明及注释看。另外还要注意定额管理部门发布的定额解释。

【实例 3-2】　104 国道边①起挖法桐（裸根、胸径在 10cm 内、三类土）300 株；②花格镶马尼拉草（50 度坡地、铺草面积 50%）800m²，计算其分部分项工程费。【人工 58 元/工日，马尼拉草 5 元/m²，基肥 20 元/kg，水 4.5 元/m³，三类工程】

解：1. 子目换算。见表 3-4

计价表项目综合单价组成计算表（子目换算）　　　表 3-4

序号	计价表编号	计价表项目名称	计量单位	综合单价	其中				
					人工费	材料费	机械费	管理费	利润
1	3-20 换	起挖乔木（法桐、裸根、胸径在 10cm 内、三类土）	10 株	217.07	163.21			31.01	22.85
2	3-211 换	花格铺草镶草（50 度坡地、铺马尼拉草面积 50%）	10m²	68.44	25.52	34.50		4.85	3.57

3-20 换起挖乔木

　人工费：2.1×1.34×58＝163.21　　管理费：163.21×19%＝31.01 利润：163.21×14%＝22.85

　　综合单价：163.21＋31.01＋22.85＝217.07

3-211 换花格铺草镶草

　　人工费：0.4×1.1×58＝25.52

　　材料费：草皮 3.57÷35%×50%＝5.1　基肥 0.2÷35%×50%＝0.29　水 0.5÷35%×50%＝0.71

　　　5.1×5.0＋0.29×20＋0.71×4.5＝34.50

　　管理费：25.52×19%＝4.85　利润：25.52×14%＝3.57

　　综合单价：25.52＋34.50＋4.85＋3.57＝68.44

换算依据：计价表 P541 说明五。本定额苗木起挖和种植均以一、二类土为准，若遇三类土人工乘以系数 1.34，四
　　　　　类土人工乘系数 1.76
　　　　　计价表 P577 注 1。花格镶草面积按 35% 计算。实际镶草面积不同时可以换算。人工不变
　　　　　计价表 P542 说明十五。在大于 30°的坡地上种植时，相应种植项目人工乘以系数 1.1

2. 套计价表，计算分部分项工程费。见表 3-5。

分部分项工程费计算表　　　表 3-5

序号	计价表编号	分部分项工程名称	计量单位	工程量	综合单价	合价
1	3-20 换	起挖乔木（法桐，裸根、胸径在 10cm 内、三类土）	10 株	30	217.07	6512.10
2	3-211 换	花格铺草镶草（50°坡地、铺马尼拉草面积 40%）	10m²	80	68.44	5475.20
		小　　计				11987.30

【实例 3-3】　居乐园小区①播种百慕大草（不盖膜）2000m²；②预制混凝土假冰片面层（厚 5cm、砂浆铺筑）60m²，计算其分部分项工程费。【人工 58 元/工日，百慕大草 5 元/m²，基肥 20 元/kg，三类工程】

　解：1. 子目换算。见表 3-6。

计价表项目综合单价组成计算表（子目换算）   表 3-6

序号	计价表编号	计价表项目名称	计量单位	综合单价	其中				
					人工费	材料费	机械费	管理费	利润
1	3-208 换	播种（百慕大草，不盖膜）	10m²	126.64	45.82	65.70		8.71	6.41
2	3-503 换	预制混凝土假冰片面层（厚 5cm、砂浆铺筑）	10m²	573.55	305.37	159.59	7.82	58.02	42.75

3-208 换播种（不盖膜）

人工费：（0.81－0.02）×58＝45.82

材料费：19.3－8.6＋10.20×5＋0.2×20＝65.70   管理费：45.82×19%＝8.71

利润：45.82×14%＝6.41

综合单价：45.82＋65.70＋8.71＋6.41＝126.64

3-503 换预制混凝土假冰片面层（厚 5cm、砂浆铺筑）

人工费 4.05×1.3×58＝305.37

材料费：149.85－27.79＋37.53＝159.59   机械费：7.82

管理费：305.37×19%＝58.02   利润：305.37×14%＝42.75

综合单价：305.37＋159.59＋7.82＋58.02＋42.75＝573.55

换算依据：计价表 P576 注 3，如播种时，不实施膜覆盖，扣除塑料薄膜，每 10m² 减少人工 0.02 工日
计价表 P636 注 1，本定额用山砂铺筑，如改用砂浆铺筑，扣除山砂数量，增加水泥砂浆及灰浆拌和
机数量，人工乘系数 1.3，其他材料费不变

2. 套计价表，计算分部分项工程费。见表 3-7。

分部分项工程费计算表   表 3-7

序号	计价表编号	分部分项工程名称	计量单位	工程量	综合单价	合价
1	3-208 换	播种（百慕大草，不盖膜）	10m²	200	126.64	25328.00
2	3-503 换	预制混凝土假冰片面层（厚 5cm、砂浆铺筑）	10m²	6	573.55	3441.30
		小　计				28769.30

应用二：园林工程人工、材料、机械的分析及汇总

我们通过实例来介绍人工、材料、机械台班用量的计算方法。

【实例 3-4】 云龙公园内①栽植海棠（土球直径 40cm 内）160 株；②栽植大叶黄杨球（单排，高 120cm 内、每米 2 棵）300m；③栽植菊花（普通花坛、70 株/m²）60m²；④铺种百慕大草（满铺）100m²。根据子目名称及做法，计算其综合人工工日，材料消耗量和机械台班数量。

解：第一步：将工程名称、计量单位、工程量分别填入工料机用量分析表。见编号①。第二步：查《××省仿古建筑与园林工程计价表》，将该项目的定额编号填入分析表内。见编号②。

第三步：根据确定的定额编号，将定额中的人工消耗量，苗木等材料消耗量、单位分别填入分析表中定额含量栏对应位置。见编号③。

第四步：用工程量乘以人工栏内的定额工日含量工日后将计算结果填入数量栏对应位

置上。见编号④。

用工程量分别乘以各材料栏内的定额含量后将计算结果分别填入数量栏对应位置上。见编号④。

上述步骤完成了一个分部分项工程的人工、材料、机械台班用量的分析，其他各分部分项工程的工料机分析照此步骤循环进行。见表3-8。

工、料、机用量分析表　　　　　　表3-8

定额编号		②3-139		3-161		3-200		2—210		
分项工程名称		①栽植海棠（土球直径40cm内）		栽植单排大叶黄杨球（高120cm内、每米2棵）		菊花栽植（普通花坛、70株/m²）		铺种百慕大草（满铺）		合计
计量单位		①10株		10m		10m²		10m²		
工程量		①16		30		6		10		
名称、规格	单位	含量	数量	含量	数量	含量	数量	含量	数量	
综合工日	③工日	③0.91	④14.56	1.10	33	0.94	5.64	0.75	7.5	60.7
海棠（土球直径40cm的）	③株	③10.20	④163.2							163.2
基肥	③kg	③1.00	④16.00	2.00	60.00	0.3	1.80	0.20	2.00	79.80
水	③m³	③0.50	④8.00	0.60	18	1.38	8.28	0.50	5	39.28
大叶黄杨球（高120cm内、每米2棵的）	株			20.40	612					612
菊花（普通花坛、70株/m²）	m²					10.20	61.2			61.2
百慕大草（满铺）	m²							10.20	102	102

当各分项工程的工料机用量分析完成后汇总，若材料有二次分析，包括二次分析后的材料，将汇总结果填入工料机汇总表。

将上式分析的结果汇总如下：见表3-9。

单位工程工、料、机汇总表　　　　　　表3-9

序号	名称	规格	计量单位	数量	序号	名称	规格	计量单位	数量
一	人工								
1	人工	综合	工日	60.7					
二	材料								
1	海棠	土球直径40cm	株	163.2	2	大叶黄杨球	高120cm内	株	612
3	菊花	70株/m²	m²	61.2	4	百慕大草		m²	102
5	基肥		kg	79.80	6	水		m³	39.28

当以一个单位工程为对象进行工料机用量汇总后就可以得出这个单位工程的全部工料机消耗量。

在汇总工、料、机数量时，既可以将它们分别汇总，也可以汇总在一张表格中，具体根据需要情况而定。

小　结

本项目分三部分，介绍了园林工程预算定额的现状、概念、作用、定额水平；园林工程预算定额结构、内容，项目表之间的关系，人工、材料、机械台班消耗指标的确定，人工、材料、机械台班单价的确定。以××省园林工程预算定额为例对园林工程预算定额进行了简单的介绍。还介绍了园林工程的常用术语，重点介绍了园林预算定额的应用。

思　考　题

1. 什么是园林工程预算定额？园林工程预算定额的作用有哪些？
2. 谈谈园林工程预算定额的水平，什么是社会平均水平？
3. 《××省仿古建筑与园林工程计价表》与园林工程有关的部分有哪些？
4. 谈谈园林工程预算定额的结构、内容。
5. 谈谈园林工程预算定额项目表之间的关系。
6. 谈谈园林工程预算定额人工、材料、机械台班单价的确定。

单　项　实　训　三

【实训 3-1】　滨河公园内①起挖日本女贞（土球直径 60cm 内）120 株；②起挖大叶黄杨球（单排，高 40cm 内、每米 5 棵）200m；③起挖散生毛竹（胸径在 6cm 内）60 株；④起挖牡丹（40 株/m²）60m²；⑤栽植紫薇（裸根，冠幅在 50cm 内）120 株。根据子目名称及做法，计算其分部分项工程费（三类工程，管理费率不调，灌木 15 元/株；基肥 20 元/kg）。

解：分部分项工程费计算见表 3-10。

分部分项工程费计算表　　　　　　　　　　　　　表 3-10

序号	计价表编号	分部分项工程名称	计量单位	工程量	综合单价	合　价

【实训 3-2】 111 省道边①起挖毛白杨（裸根、胸径在 40cm 内、四类土）100 株；②花格铺马尼拉草（铺草面积 70％）5000m²，计算其分部分项工程费。【人工 60 元/工日，二类工程】

解：1. 子目换算。见表 3-11。

计价表项目综合单价组成计算表（子目换算） 表 3-11

序号	计价表编号	计价表项目名称	计量单位	综合单价	其中				
					人工费	材料费	机械费	管理费	利润

2. 套计价表，计算分部分项工程费。见表 3-12。

分部分项工程费计算表 表 3-12

序号	计价表编号	分部分项工程名称	计量单位	工程量	综合单价	合价

【实训 3-3】 玫瑰园小区①满铺百慕大草 1500m²（暖季型草追播冷季型草）；②乱铺冰片石面层（砂浆铺筑）160m²，计算其分部分项工程费。【人工 58 元/工日，三类工程】

解：1. 子目换算。见表 3-13。

计价表项目综合单价组成计算表（子目换算） 表 3-13

序号	计价表编号	计价表项目名称	计量单位	综合单价	其中				
					人工费	材料费	机械费	管理费	利润

2. 套计价表，计算分部分项工程费。见表 3-14。

分部分项工程费计算表   表 3-14

序号	计价表编号	分部分项工程名称	计量单位	工程量	综合单价	合价

【实训 3-4】 东坡广场①栽植含笑（土球直径 120cm 内）50 株；②栽植小叶黄杨球（双排，高 60cm 内、每米 5 棵）300m；③栽植牡丹（彩纹图案花坛、25 株/m²）60m²；④铺种天堂草（散铺）200m²。根据子目名称及做法，计算其综合人工工日，材料消耗量并进行汇总。

解： 分析见表 3-15。

工、料、机用量分析表   表 3-15

定额编号										
分项工程名称										
计 量 单 位										
工 程 量										合计
名称、规格	单位	含量	数量	含量	数量	含量	数量	含量	数量	

汇总如下：见表 3-16。

单位工程工、料、机汇总表   表 3-16

序号	名称	规格	计量单位	数量	序号	名称	规格	计量单位	数量

项目四　园林工程的定额计价

【学习目标】

了解：园林工程施工图预算的作用、施工图预算的编制依据。

熟悉：园林工程施工图预算的内容。

掌握：园林工程施工图预算文件的编制步骤、施工图预算文件的编制。

单元一　概　　述

一、园林工程的施工图预算

园林工程定额计价以施工图预算形式表现。

园林工程施工图预算是确定园林工程造价的文件。它是在园林工程施工图设计完成后，根据施工图纸、计价表、施工组织设计、各项取费标准以及本地区现行的人工工资标准、材料和机械台班的单价等编制的，确定园林工程施工图预算造价的技术经济文件。

二、园林工程施工图预算的作用

对建设单位来说：

1. 是拨付工程价款的依据；

2. 是控制投资、加强施工管理的基础。

对施工单位来说：

1. 是编制施工进度计划的依据；

2. 是加强经济核算、提高企业管理水平的依据；

3. 是施工单位进行"两算"对比的依据。

此外，它还是建设单位和施工单位进行工程结算的依据。

三、园林工程施工图预算的编制依据

园林工程施工图预算的编制依据有：

1. 园林工程的施工图纸、图纸会审记录。

2. 现行的园林工程预算定额（计价表）。

3. 施工组织设计（或施工方案）。

4. 费用定额及取费标准。

5. 省市有关文件。

6. 工程合同或协议。

7. 现行的本地区人工工资、材料预算价格、机械台班单价。

四、园林工程施工图预算的编制内容

一份完整的单位园林工程施工图预算由下列内容组成：（按装订顺序介绍）

1. 封面；

2. 编制说明；

3. 费用汇总表；

4. 分部分项工程费计价表；

5. 措施项目费计价表；

6. 其他项目费计价表；

7. 计价表子目换算；

8. 工程量计算表。

五、园林工程施工图预算的编制方法及步骤

园林工程施工图预算的编制方法有单价法和实物法。

（一）单价法编制步骤（图 4-1）

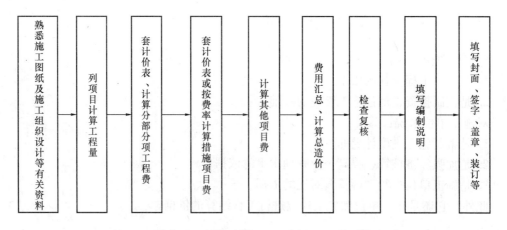

图 4-1　单价法（综合单价法）编制施工图预算步骤

1. 熟悉图纸、熟悉计价表，了解施工现场情况和施工组织设计资料，收集有关市场价格信息、有关文件。

2. 列项目，计算工程量。

3. 套用《计价表》，计算分部分项工程费。

4. 套用《计价表》，或按一定的费率，计算措施项目费。

5. 计算其他项目费。

6. 费用汇总，计算总造价。

7. 检查、复核。

8. 写编制说明。

9. 填写封面，装订、签字盖章等。

（二）实物法编制步骤（图 4-2）

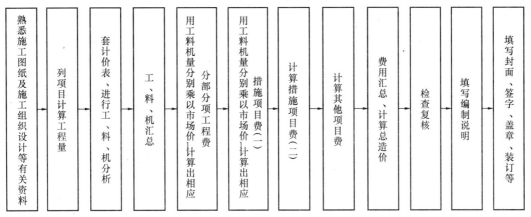

图 4-2　实物法编制施工图预算步骤

1. 熟悉图纸、熟悉计价表，了解施工现场情况和施工组织设计资料，收集有关市场价格信息、有关文件。

2. 列项目，计算工程量。

3. 套用《计价表》，进行人工、材料、机械消耗量的分析。

4. 人工、材料、机械汇总。

5. 按照汇总后的人工、材料、机械的数量，再乘以市场价，计算出相应分部分项工程费。

6. 用人工、材料、机械的数量分别乘以市场价，计算出相应措施项目费（一）。

7. 计算措施项目费（二）。

8. 计算其他项目费。

9. 费用汇总、计算总造价。

10. 检查复核。

11. 填写编制说明。

12. 填写封面、签字、盖章、装订等。

定额计价法一般采用单价法（综合单价法）编制。

单元二　园林工程定额计价文件——园林工程施工图预算的编制

园林工程造价由分部分项工程费、措施项目费、其他项目费、规费和税金组成。

一、分部分项工程费计算

第一步：列项目、计算工程量——按计价表及图纸内容列项；按计价表计算规则进行计算。

第二步：套计价表时。首先看子目是否需要换算、若需要、换算后再套。

(一) 绿化种植、养护部分

绿化种植定额项目

1. 苗木起挖：①起挖乔木；②起挖灌木；③起挖绿篱；④起挖竹类；⑤起挖攀缘植物及水生植物；⑥起挖露地花卉及草皮。

2. 苗木栽植：①栽植乔木；②栽植灌木；③栽植绿篱；④栽植竹类；⑤栽植攀缘植物及水生植物；⑥栽植露地花卉；⑦铺种草皮；⑧木箱种植。

3. 假植。假植乔木、假植灌木。

4. 栽植技术措施：预制混凝土桩、金属支撑、树棍桩、毛竹桩、草绳绕树干、搭设遮荫棚。

5. 人工换土绿地平整（人工）、绿地平整（机械）、压实土翻松、人工装土、垃圾深埋、人工换土乔灌木、人工换土裸根乔木、土方造型、人工挑抬屋顶、池顶土方、单（双）轮车运输屋顶、池顶土方。

绿化养护定额项目

1. 一级养护　常绿乔木、落叶乔木、灌木、球类植物、单排绿篱、片植绿篱类、竹类、水生植物类、攀缘植物类、地被植物、陆地花卉、草坪类。

2. 二级养护　常绿乔木、落叶乔木、灌木、球类植物、单排绿篱、片植绿篱类、竹类、水生植物类、攀缘植物类、地被植物、陆地花卉、草坪类。

3. 三级养护　常绿乔木、落叶乔木、灌木、球类植物、单排绿篱、片植绿篱类、竹类、水生植物类、攀缘植物类、地被植物、陆地花卉、草坪类。

工作内容及计算规则

绿化种植部分

1. 苗木起挖

【工作内容】起挖、包扎、出塘、搬运集中、回土填塘、清理场地。

(1) 起挖乔木（带土球、裸根）

【工程量计算】按不同土球直径或不同树干胸径，以起挖乔木的株量计算。

树干胸径是指离地1.2m处的树干直径。

(2) 起挖灌木（带土球、裸根）

【工程量计算】按不同土球直径或不同冠幅，以起挖灌木的株量计算。

冠幅：又称冠径、蓬径。指苗木冠丛垂直投影面的最大直径和最小直径之间的平均值。

(3) 起挖绿篱

【工程量计算】起挖绿篱按单双排及高度以长度计算；起挖片植绿篱及地被按高度以

平方米计算。

两排以上视为片植。

（4）起挖竹类

【工程量计算】按胸径或根盘丛径以株量或丛量计算。

（5）起挖攀缘植物及水生植物

【工程量计算】起挖攀缘植物按地径以起挖攀缘植物；起挖水生植物按缸或平方米株数以缸或丛计算。

（6）起挖陆地花卉及草皮

【工程量计算】起挖陆地花卉按平方米株数以平方米计算；起挖草坪按满铺、散铺以平方米计算。

2．苗木栽植

【工作内容】挖塘栽植、扶正回土、捣实、筑水围浇水、复土保墒、整形、清理。

【工程量计算】分别以株量、长度、平方米等计算。

3．假植

【工作内容】挖沟排苗、回土、浇水、复土、保墒、遮荫管理。

【工程量计算】按胸径、冠幅分别以株量计算。

4．栽植技术措施：

【工作内容】

（1）预制混凝土桩：制桩、运桩、打桩、绑扎

（2）构件制作：放线、划线、截料、平直、钻孔、拼装、焊接、成品校正、防锈漆一遍及成品保护。

（3）构件安装：构件加固、吊装校正、拧紧螺栓、电焊固定、翻身就位、构件场内运输。

【工程量计算】按株、吨、米、平方米分别计算。

5．人工换土

（1）绿地平整、压实土翻松

【工作内容】厚度在±30cm厚内的整平。

【工程量计算】绿地平整、压实土翻松工程量，按面积计算。

（2）人工装土、垃圾深埋

【工作内容】人工装土：挖土、抛土或装筐；垃圾深埋：原有垃圾深埋，并将深层好土置换。

【工程量计算】人工装土、垃圾深埋按立方米计算。

（3）人工换土乔灌木

【工作内容】装土、运土（运距50cm以内）到塘边。

【工程量计算】人工换土乔灌木按土球直径、胸径以株量计算。

（4）土方造型

【工作内容】人工（机械）搬运土方、平整场地、绿地整理。

【工程量计算】土方造型按高差以立方米计算。

（5）人工挑抬屋顶、池顶土方、单（双）轮车运输屋顶、池顶土方。

【工作内容】装、运、卸至屋顶或池顶。

【工程量计算】人工挑抬屋顶、池顶土方、单（双）轮车运输屋顶、池顶土方按立方米计算。

绿化养护部分。

【工作内容】一、二、三级养护

（1）常绿乔木：修剪、剥芽、病虫害防治、施肥、灌溉、树穴切边、除草、保洁、清枯枝及死藤、枯死树处理、加土扶正、环境清理。

（2）落叶乔木：修剪、剥芽、截顶回缩、病虫害防治、施肥、灌溉、树穴切边、除草、保洁、清枯枝及死藤、枯死树处理、加土扶正、环境清理。

（3）灌木：修剪、剥芽、病虫害防治、施肥、灌溉、中耕除草、树穴切边、保洁、清除枯枝、死树处理、环境清理。

（4）球类：修剪、病虫害防治、施肥、灌溉、中耕除草、树穴切边、保洁、清除枯枝、死树处理、环境清理。

（5）绿篱：修剪、整形、病虫害防治、施肥、灌溉、除草、切边、保洁、清除枯枝、死树处理、环境清理。

（6）竹类：修剪、病虫害防治、施肥、灌溉、除草、保洁、清除枯枝、死树处理、环境清理。

（7）水生植物类：翻盆（缸）施肥、清理污物、及时换水、防病除害、枯叶处理、环境清理。

（8）攀缘植物类：修剪牵攀、病虫害防治、施肥、灌溉、除草、保洁、树穴切边、清除枯枝、死树处理、环境清理。

（9）地被植物：修剪整形、病虫害防治、施肥、灌溉、除草、保洁、切边、清除枯枝、死树处理、环境清理。

（10）露地花卉：施肥、灌溉、剪除枯枝、修剪整形、病虫害防治、缺株补植、环境清理。

（11）草坪类：①冷、暖季型：排除杂草、轧草修边、草屑清除、病虫害防治、施肥、灌溉、环境清理。②杂草型：轧草修边、草屑清除、环境清理。

【工程量计算】

（1）乔木分常绿、落叶两类。均按胸径以株计算。

（2）灌木均按蓬径以株计算。

（3）绿篱分单排、片植二类。单排绿篱均按修剪后净高高度以延长米计算，片植绿篱均按修剪后净高高度以平方米计算。

（4）竹类按不同类型，分别以胸径、根盘丛径以株或丛计算。

（5）水生植物分塘植、盆植二类。塘植按丛计算、盆植按盆计算。

（6）球形植物按蓬径计算。

（7）露地花卉分草本植物、木本植物及球、块、根植物三类，均按平方米计算。

（8）攀缘植物均按地径以株计算。

（9）地被植物分单排、双排、片植三类。单排、双排地被植物均按延长米计算，片植地被植物以平方米计算。

（10）草坪分暖地型、冷地型、杂草型三类，均以实际养护面积按平方米计算。

（11）绿地的保洁，应扣除各类植物树穴周边已分别计算的保洁面积，植物树穴折算保洁面积见表4-1。

植物树穴折算保洁面积　　　表4-1

计量单位：10株

植物名称	乔木	灌木		球类		攀缘植物	绿篱、地被植物		散生竹		丛生竹	
		蓬径≤1m	蓬径≥1m	蓬径≤1m	蓬径≥1m		单排	双排	胸径在(cm)		根盘直径(m)	
							10m		<5	≥5	<1	≥1
保洁面积(m²)	10	5	10	5	10	10	5	10	2.5	5	5	10

【实例4-1】 休闲广场带状绿地位于公园大门口入口处南端，长100m、宽15m，如图4-3所示，绿地种植乔木、灌木、除绿篱（双排，高50cm，每米3棵）处，均铺种草坪（冷季型，散铺）。①小叶女贞（高60cm、每米3棵）；②合欢（裸根截干，胸径40cm）；③广玉兰（带土球，直径30cm）；④樱花（带土球，直径50cm）；⑤红叶李（带土球，直径80cm）；⑥丁香（带土球，直径20cm）；⑦铺种马尼拉草计算该绿化地分部分项工程费（三类工程；人工58元/工日；基肥20元/kg，种植土30元/m³；小叶女贞每株3.5元；合欢450元/株；广玉兰42元/株；樱花50元/株；红叶李150元/株；丁香25元/株；散铺草皮5元/m²）。

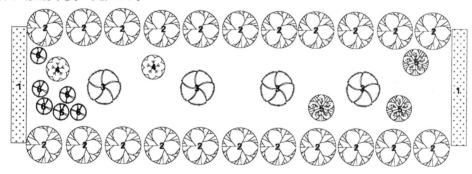

图4-3　休闲广场大门口带状绿地

1—小叶女贞　2—合欢　3—广玉兰　4—樱花　5—红叶李　6—丁香

注：带状绿地两边绿篱长15m，宽2m，绿篱内种植小叶女贞

解：（一）列项目，计算工程量

首先研究《计价表》上的项目，将项目列出。然后研究《计价表》上的工程量计算规则，按计算规则，计算出工程量。见表4-2。

工 程 量 计 算 书　　　表4-2

序号	分部分项工程名称	单位	工程量	计算公式
1	人工整理绿化地	m²	1500	100×15
2	栽植绿篱（小叶女贞）	m	30	15×2
3	栽植乔木（合欢）	株	22	

序号	分部分项工程名称	单位	工程量	计算公式
4	栽植乔木（广玉兰）	株	4	
5	栽植乔木（樱花）	株	2	
6	栽植乔木（红叶李）	株	3	
7	栽植灌木（丁香）	株	6	
8	铺种草皮（马尼拉草）	m²	1440	1500−15×2×2＝

（二）套《计价表》，计算分部分项工程费

1. 子目换算：见表 4-3。

计价表项目综合单价组成计算表（子目换算表）　　表 4-3

序号	计价表编号	计价表项目名称	计量单位	综合单价	其中				
					人工费	材料费	机械费	管理费	利润
1	3-267 换	人工整理绿化地	10m²	38.57	29.00			5.51	4.06
2	3-164 换	栽植绿篱（小叶女贞）	10m	316.00	29.58	276.66		5.62	4.14
3	3-131 换	栽植乔木（合欢）	10 株	16755.05	3892.96	10863.70	713.72	739.66	545.01
4	3-101 换	栽植乔木（广玉兰）	10 株	465.29	23.2	434.43		4.41	3.25
5	3-103 换	栽植乔木（樱花）	10 株	739.33	128.76	568.08		24.46	18.03
6	3-106 换	栽植乔木（红叶李）	10 株	2257.98	388.60	1741.15		73.83	54.40
7	3-137 换	栽植灌木（丁香）	10 株	266.29	6.67	257.42		1.27	0.93
8	3-209 换	铺种草皮	10m²	68.40	35.38	21.35		6.72	4.95

3-267 换人工整理绿化地

人工 0.5×58＝29　管理费 29×19％＝5.51　利润 29×14％＝4.06　综合单价 29＋5.51＋4.06＝38.57

3-164 换栽植绿篱（小叶女贞）

人工费 0.51×58＝29.58　　　　材料费 2.46＋61.2×3.5＋3×20＝276.66

管理费 29.58×19％＝5.62　　　利润 29.58×14％＝4.14

综合单价 29.58＋276.66＋5.62＋4.14＝316.00

3-131 换栽植乔木（合欢）

人工费 83.9×0.8×58＝3892.96　　　　材料费 693.70＋11×450＋150×20＋2220.00＝10863.7

机械费 892.15×0.8＝713.72　　　　管理费 3892.96×19％＝739.66　　　利润 3892.96×14％＝545.01

综合单价 3892.96＋10863.7＋713.72＋739.66＋545.01＝16755.05

3-101 换栽植乔木（广玉兰）

人工费 0.4×58＝23.2　　　　材料费 1.03＋10.20×42＋0.25×20＝434.43

管理费 23.2×19％＝4.41　　　利润 23.2×14％＝3.25

综合单价 23.2＋434.43＋4.41＋3.25＝465.29

3-103 换栽植乔木（樱花）

人工费 2.22×58＝128.76　　　材料费 3.08＋10.50×50＋2.00×20＝568.08

管理费 128.76×19％＝24.46　　利润 128.76×14％＝18.03

综合单价 128.76＋568.08＋24.46＋18.03＝739.33

3-106 换栽植乔木（红叶李）

人工费 6.7×58＝388.60　　　　材料费 6.15＋10.50×150＋8.00×20＝1741.15

管理费 388.60×19％＝73.83　　利润 388.60×14％＝54.40

综合单价 388.6＋1741.15＋73.83＋54.40＝2257.98

3-137 换栽植灌木（丁香）

人工费 0.115×58＝6.67　　　　材料费 0.82＋10.20×25＋0.08×20＝257.42

管理费 6.67×19％＝1.27　　　　利润 6.67×14％＝0.93

综合单价 6.67＋257.42＋1.27＋0.93＝266.29

3-209 换铺种草皮

人工费 0.61×58＝35.38　　　　材料费 2.05＋3.06×5＋0.2×20＝21.35

管理费 35.38×19％＝6.72　　　利润 35.38×14％＝4.95

综合单价 35.38＋21.35＋6.72＋4.95＝68.40

换算说明：计价表 P542 说明十一。起挖、栽植乔木，带土球时当土球直径大于 120cm（含 120cm）或裸根时胸径大于 15cm（含 15cm）以上的截干乔木，定额人工及机械乘以系数 0.8。

2. 套价。见表 4-4。

分部分项工程费计算表　　　　表 4-4

序号	计价表编号	分部分项工程名称	计量单位	工程量	综合单价	合价
1	3-267 换	人工整理绿化地	10m²	150	38.57	5785.50
2	3-164 换	栽植绿篱（双排，小叶女贞）	10m	3	316.00	948.00
3	3-131 换	栽植乔木（合欢）	10 株	2.2	16755.05	36861.11
4	3-101 换	栽植乔木（广玉兰）	10 株	0.4	465.29	186.12
5	3-103 换	栽植乔木（樱花）	10 株	0.2	739.33	147.87
6	3-106 换	栽植乔木（红叶李）	10 株	0.3	2257.98	677.39
7	3-137 换	栽植灌木（丁香）	10 株	0.6	266.29	159.77
8	3-209 换	铺种草皮	10m²	144	68.40	9849.60
		小计				54615.36

（二）堆砌假山及塑假石山工程

堆砌假山及塑假石山工程定额项目

1. 堆砌假山　湖石假山、黄石假山、整块湖石峰、人造湖石峰、人造黄石峰、石笋安装、土山点石、布置景石、散铺河滩石、自然式护岸。

2. 塑假石山　砖骨架塑假石、钢网架骨架塑假石、钢骨架制作安装。

工作内容及计算规则：

1. 堆砌假山

【工作内容】放样、选石、运石、调、制、运混凝土（砂浆）、堆砌，塔、拆简单脚手架、塞垫嵌缝、清理、养护。

【工程量计算】湖石假山，黄石假山、人造湖石峰、人造黄石峰工程量，均按不同高度，以实际堆砌的石料重量计算。

整块胡石峰以座计算。

石笋按不同高度，以块计算。

土山点石按不同土山高度，以点石的重量计算。

布置景石，按不同景山重量，以布置景石的重量计算。

散铺河滩石自然式护岸工程量，按护按石料的重量计算。

堆砌石料重量＝进料验收石料重量－石料剩余重量。

2. 塑假石山

【工作内容】放样划线，挖土方，浇筑混凝土垫层，砌骨架或焊接骨架，刷防锈漆，挂钢网，堆筑成型，制纹理。

【工程量计算】砖骨架塑假山工程量，按不同假山高度，以塑假山的外围表面积计算。钢网钢骨架塑假山工程量，按其外围表面积计算。钢骨架制作安装工程量，按设计图示尺寸以吨计算。

【实例 4-2】　某植物园竹林旁边以石笋石作点缀，寓意出"雨后春笋"的观赏效果，其石笋石采用白果笋，具体布置造型尺寸如图 4-4 所示，计算石笋安装的分项工程费。

（三类工程，人工 60 元/工日、1.5m 高白果笋 95 元/块、2.2m 高白果笋 145 元/块、3.2m 高白果笋 260 元/块，黄石 140 元/吨）

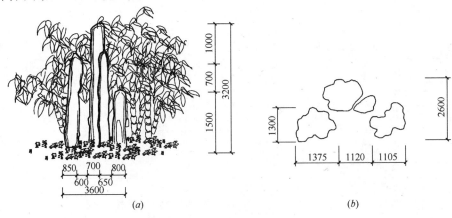

图 4-4　白果笋示意图

(a) 立面图；(b) 平面图

解：（一）列项目，计算工程量

首先研究《计价表》上的项目，将项目列出。然后研究《计价表》上的工程量计算规则，按计算规则，计算出工程量。见表 4-5。

工 程 量 计 算 书 **表 4-5**

序号	分部分项工程名称	单位	工程量	计算公式
1	绿地平整	m^2	9.36	3.6×2.6=
2	原土打底夯	m^2	9.36	
3	白果笋安装（1.5m 高）	块	1	
4	白果笋安装（2.2m 高）	块	2	
5	白果笋安装（3.2m 高）	块	1	

（二）套《计价表》，计算分部分项工程费

1. 子目换算：见表 4-6。

计价表项目综合单价组成计算表（子目换算表） **表 4-6**

序号	计价表编号	计价表项目名称	计量单位	综合单价	其中				
					人工费	材料费	机械费	管理费	利润
1	3-267 换	绿地平整	$10m^2$	39.90	30.00			5.7	4.2
2	1-122 换	原土打底夯	$10m^2$	9.93	6.6		1.16	1.25	0.92
3	3-474	白果笋安装（1.5m 高）	块	286.12	79.20	178.2	2.58	15.05	11.09
4	3-475	白果笋安装（2.2m 高）	块	436.00	118.80	274.13	3.87	22.57	16.63
5	3-476	白果笋安装（3.2m 高）	块	770.30	217.80	474.11	6.52	41.38	30.49

3-267 换人工整理绿化地

人工 0.5×60=30　　管理费 30×19%=5.7　　利润 30×14%=4.2　　综合单价 30+5.7+4.2=39.90

1-122 换原土打底夯

人工费 0.11×60=6.6　　机械费 1.16　　管理费 6.6×19%=1.25　　利润 6.6×14%=0.92

综合单价 6.6+1.16+1.25+0.92=9.93

3-474 换　石笋安装

人工费 1.32×60=79.20　　材料费 163.2-80+1×95=178.20　　机械费 2.58

管理费 79.20×19%=15.05　　利润 79.20×14%=11.09

综合单价 79.20+178.20+2.58+15.05+11.09=286.12

3-475 换　石笋安装

人工费 1.98×60=118.80　　材料费 249.13−120+1×145=274.13　　机械费 3.87

管理费 118.80×19%=22.57　　利润 118.80×14%=16.63

综合单价 118.80+274.13+3.87+22.57+16.63=436.00

3-476 换　石笋安装

人工费 3.63×60=217.80　　材料费 454.11−240+1×260=474.11　　机械费 6.52

管理费 217.80×19%=41.38　　利润 217.80×14%=30.49

综合单价 217.80+474.11+6.52+41.38+30.49=770.30

2. 套价。见表4-7。

分部分项工程费计算表 表 4-7

序号	计价表编号	分部分项工程名称	计量单位	工程量	综合单价	合 价
1	3-267 换	绿地平整	10m²	0.936	39.90	37.35
2	1-122 换	原土打底夯	10m²	0.936	9.93	9.29
3	3-474 换	石笋安装（1.5m 高）	块	1	286.12	286.12
4	3-475 换	石笋安装（2.2m 高）	块	2	436.00	872.00
5	3-476 换	石笋安装（3.2m 高）	块	1	770.30	770.30
		小计				1975.06

（三）园路及园桥工程部分

园路及园桥工程定额项目

1. 园路 园路土基整理路床、基础垫层、纹形混凝土路面、水刷混凝土路面、预制方格混凝土面层、预制异形混凝土面层、预制混凝土大块面层、预制混凝土假冰片面层、八五砖平铺、八五砖侧铺、黄道砖侧铺、瓦片等。

2. 园桥 毛石基础、毛石桥台、条石桥台、桥墩、毛石护坡、条石护坡、石桥面、木桥面、木栈道。

工作内容及计算规则

1. 园路路床

【工作内容】厚度在 30cm 以内挖、填土，找平，夯实，弃土 2m 以外。

【工程量计算】园路土基整理路床工程量，按整理路床的面积计算。

2. 园路基础垫层

【工作内容】筛土，浇水，拌合，铺设，找平，灌浆，振实，养护。

【工程量计算】以不同垫层材料，按设计图示尺寸，两边各放宽 5cm×厚度以立方米计算。

3. 园路路面

【工作内容】放线，整修路槽，夯实，修平垫层，调浆，铺面层，嵌缝，清扫。

【工程量计算】按不同路面材料及其厚度，以路面的面积计算。

4. 路牙、筑边

【工作内容】（1）放线，整修路槽，夯实，修平垫层，调浆，铺路牙，锁口、嵌缝，清扫。

（2）挖地沟、铺砂浆、筑边、勾缝。

【工程量计算】路牙、筑边按设计图示尺寸以延长米计算；锁口按平方米计算。

5. 园桥

【工作内容】选、修、运石，调、运、铺砂浆，砌石，安装桥面。

【工程量计算】毛石基础、条石桥墩工程量，按其体积计算。桥台、护坡工程量，按不同石料，以其体积计算。石桥面工程量，按桥面的面积计算。

【实例 4-3】 某校园有一处嵌草砖(预制方格混凝土砖、厚 20cm)铺装场地，方格混凝土砖填土镶草，场地长 60m、宽 15m，其局部剖面示意图如图 4-5 所示，计算其分部分项工程费（三类工程，土方双轮车运 300m，人工 60 元/工日、砾石 45 元/m³、山砂 40 元/m³、预制混凝土道板 650 元/m³、草皮 5.0 元/m²、基肥 20 元/kg、种植土 30 元/m³）。

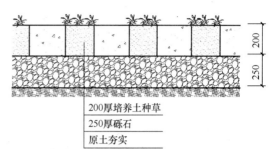

200厚培养土种草
250厚砾石
原土夯实

图 4-5 嵌草铺装

解：（一）列项目，计算工程量

首先研究《计价表》上的项目，将项目列出。然后研究《计价表》上的工程量计算规则，按计算规则，计算出工程量。见表 4-8。

工 程 量 计 算 书　　　　　　　表 4-8

序号	分部分项工程名称	单位	工程量	计算公式
1	平整场地	m²	1216	(60+4)×(15+4)=
2	挖土方	m³	408.38	(60+0.05×2)×(15+0.05×2)×(0.25+0.2)=
3	双轮车运土 300m	m³	408.38	
4	原土夯实	m²	907.51	(60+0.05×2)×(15+0.05×2)
5	砾石	m³	226.88	907.51×0.25=
6	嵌草砖铺装	m²	900	60×15=
7	方格内填土	m³	63	60×15×35％×0.2=
8	镶草	m²	900	60×15=

（二）套《计价表》，计算分部分项工程费

1. 子目换算。见表 4-9。

计价表项目综合单价组成计算表（子目换算表）　　　表 4-9

序号	计价表编号	计价表项目名称	计量单位	综合单价	其　中				
					人工费	材料费	机械费	管理费	利润
1	1-121 换	平整场地	10m²	50.04	37.62			7.15	5.27
2	1-3 换	挖土方	m³	27.21	20.46			3.89	2.86
3	1-91 换	双轮车运土 300m	m³	32.48	24.42			4.64	3.42
4	1-122 换	原土夯实	10m²	9.93	6.6		1.16	1.25	0.92
5	3-495 换	砾石	m³	133.70	43.80	74.25	1.2	8.32	6.13
6	3-500 换	嵌草砖铺装	10m²	500.83	100.80	366.77		19.15	14.11
7	3-296 换	方格内填土	m³	33.99	3.00	30.00		0.57	0.42
8	3-211 换	花格铺草镶草	10m²	55.82	24.00	23.90		4.56	

1-121 换

人工 0.627×60=37.62　　管理费 37.62×19％=7.15　　利润 37.62×14％=5.27　　综合单价 37.62+7.15+5.27=50.04

1-3 换挖土方

人工费 0.341×60＝20.46　　管理费 20.46×19％＝3.89　　利润 20.46×14％＝2.86

综合单价 20.46＋3.89＋2.86＝27.21

1-91 换双轮车运土 300m

人工费(0.209＋0.0396×5)×60＝24.42　　管理费 24.42×19％＝4.64　　利润 24.42×14％＝3.42

综合单价 24.42＋4.64＋3.42＝32.48

1-122 换原土夯实

人工费 0.11×60＝6.6　机械费 1.16　管理费 6.6×19％＝1.25　利润 6.6×14％＝0.92

综合单价 6.6＋1.16＋1.25＋0.92＝9.93

3-495 换砾石

人工费 0.73×60＝43.80　　材料费 1.65×45＝74.25　　机械费 1.2

管理费 43.80×19％＝8.32　　利润 43.80×14％＝6.13

综合单价 43.80＋74.25＋1.2＋8.32＋6.13＝133.70

3-500 换嵌草砖铺装

人工费 1.68×60＝100.80　　材料费 327.73－27.79＋0.842×40－298.35＋0.51×4×650＝1361.27

管理费 100.80×19％＝19.15　利润 100.80×14％＝14.11

综合单价 100.80＋1361.27＋19.15＋14.11＝1495.33

3-296 换方格内填土

人工费 0.05×60＝3.00　　材料费 30.00　　管理费 3.00×19％＝0.57　　利润 3.00×14％＝0.42

综合单价 3.00＋30＋0.57＋0.42＝33.99

3-211 换花格铺草镶草

人工费 0.4×60＝24.00　　材料费 2.05＋3.57×5＋ 0.2×20＝23.90

管理费 24.00×19％＝4.56　利润 24×14％＝3.36

综合单价 24.00＋23.90＋4.56＋3.36＝55.82

2. 套价。见表4-10。

分部分项工程费计算表　　　　表4-10

序号	计价表编号	分部分项工程名称	计量单位	工程量	综合单价	合 价
1	1-111 换	平整场地	10m²	121.6	50.04	6084.86
2	1-3 换	挖土方	m³	408.38	27.21	11112.02
3	1-91 换	双轮车运土 300m	m³	408.38	32.48	13264.18
4	1-122 换	原土夯实	10m²	90.751	9.93	901.16
5	3-495 换	砾石	m³	226.88	133.70	30333.86
6	3-500 换	嵌草砖铺装	10m²	90	1495.33	134579.70
7	3-296 换	方格内填土	m³	63	33.99	2141.37
8	3-211 换	镶草	10m²	90	55.82	5023.80
		小计				203440.95

（四）园林小品工程

定额项目

1. 堆塑装饰　塑松（杉）树皮、塑竹节竹片、塑木纹、镶贴预制竹片、塑松皮柱、塑黄竹、塑金丝竹、塑松棍、预制塑松棍、塑树头。

2. 屋面　原木屋面、竹屋面、山草屋面、树皮屋面、玻璃屋面。

3. 石作小品　石桌、石凳安装、石球安装、石灯笼安装、石花盆安装、带角石花盆安装、塑仿石音箱安装。

4. 金属小品　亭、廊、架、柱、栏杆等制作、安装；挂落、异形窗、吴王靠、装饰品等制作、安装。

5. 砖砌摆设　标准砖、八五砖园林小摆设。

工作内容及计算规则：

1. 堆塑装饰

【工作内容】

（1）塑面层：清理基层、调运砂浆，底、面抹灰等。

（2）预制塑件：钢筋制作，绑扎，调制砂浆，底面层抹灰及现场安装。

【工程量计算】

（1）塑松（杉）树皮、塑竹节竹片、塑木纹工程量，均按其展开面积计算。

（2）塑松皮柱、塑黄竹、塑金丝竹工程量，按不同直径，以其长度计算。

（3）塑树头按顶面直径和不同高度以个计算。

2. 屋面

【工作内容】选料、放样、划线、砍节子、截料、开榫、就位、安装校正。

【工程量计算】

原木屋面、竹屋面、草屋面等按设计图示尺寸以平方米计算。

3. 石作小品

【工作内容】

挖基坑、铺碎石垫层、混凝土基础浇捣，调运砂浆，石桌和石凳场内运输、安装、校正、修面。

【工程量计算】

（1）石桌、石凳按设计图示数量以组计算。

（2）石球、石灯笼等按图示数量以个计算。

4. 金属小品

【工作内容】

（1）放样，划线，截料、平直，钻孔，拼装，焊接成品校正；除锈、刷防锈漆一遍及成品编号堆放。

（2）构件加固、安装校正、电焊或螺栓固定。

【工程量计算】

金属小品按图示钢材以吨计算，不扣除孔眼、切肢等重量，电焊条重量包括在定额内，不另计算。在计算不规则或多边形钢板重量时均以矩形面积计算。

5.砖砌摆设

【工作内容】

调运、铺砂浆、运砖、砌砖全部操作过程。

【工程量计算】

按体积计算。

【实例4-4】 某公园花坛旁边放有10套塑松树皮椅子供游人休息（1套8个），如图4-6所示，椅子高0.35m，直径为0.4m，椅子内用砖砌筑，砌筑后先用水泥砂浆找平，再在外表用水泥砂浆粉饰出松树皮节外形。上表面水泥砂浆抹面，椅子下为50厚混凝土，150厚3∶7灰土垫层，计算其分部分项工程费（三类工程，双轮车运土150m；人工58元/工；材差不调）。

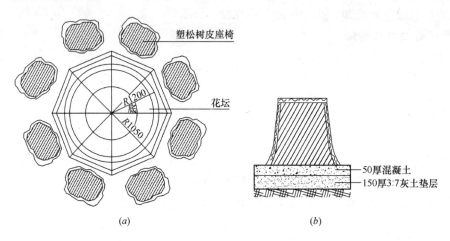

图4-6 塑松树皮节椅示意图

(a)平面图；(b)剖面图

解: （一）列项目，计算工程量

首先研究《计价表》上的项目，将项目列出，见表4-11。

然后研究《计价表》上的工程量计算规则，按计算规则，计算出工程量。见表4-11。

工 程 量 计 算 书　表4-11

序号	分部分项工程名称	单位	工程量	计算公式
1	挖地坑	m³	3.14	3.142×(0.4/2+0.05)²×(0.15+0.05)×8×10=
2	双轮车运土150m	m³	3.14	
3	3∶7灰土垫层	m³	2.36	3.142×(0.4/2+0.05)²×0.15×8×10=
4	混凝土垫层	m³	0.78	3.142×(0.4/2+0.05)²×0.05×8×10=
5	砖椅子	m³	3.52	3.142×(0.4/2)²×0.35×8×10=
6	椅子表面塑松树皮	m²	35.19	2×3.142×(0.4/2)×0.35×8×10=
7	水泥砂浆抹面	m²	10.05	3.142×(0.4/2)²×8×10=

（二）套《计价表》，计算分部分项工程费

1.子目换算。见表4-12。

序号	计价表编号	计价表项目名称	计量单位	综合单价	其　中				
					人工费	材料费	机械费	管理费	利润
1	1-54 换	挖土方	m³	45.82	34.45			6.55	4.82
2	1-91 换	双轮车运土 150m	m³	22.24	16.72			3.18	2.34
3	3-493 换	3：7 灰土垫层	m³	143.71	58.00	64.97	1.60	11.02	8.12
4	3-496 换	混凝土垫层	m³	310.30	105.56	159.42	10.48	20.06	14.78
5	3-590 换	砖椅子	m³	688.06	261.00	336.89	4.04	49.59	36.54
6	3-541 换	椅子表面塑松树皮	10m²	1096.16	726.74	121.00	8.60	138.08	101.74
7	1-846 换	水泥砂浆抹面	10m²	352.72	228.98	42.69	5.48	43.51	32.06

1-54 换挖土方

人工费 $0.594 \times 58 = 34.45$　　　管理费 $34.45 \times 19\% = 6.55$　　　利润 $34.45 \times 14\% = 4.82$

综合单价 $34.45 + 6.55 + 4.82 = 45.82$

1-91 换双轮车运土 150m

人工费 $(0.209 + 0.0396 \times 2) \times 58 = 16.72$　　　管理费 $16.72 \times 19\% = 3.18$　　　利润 $16.72 \times 14\% = 2.34$

综合单价 $16.72 + 3.18 + 2.34 = 22.24$

3-493 换 3：7 灰土垫层

人工费 $1.00 \times 58 = 58.00$　　　材料费 64.97　　　机械费 1.60

管理费 $58.00 \times 19\% = 11.02$　　　利润 $58.00 \times 14\% = 8.12$

综合单价 $58.00 + 64.97 + 1.60 + 11.02 + 8.12 = 143.71$

3-496 换混凝土垫层

人工费 $1.82 \times 58 = 105.56$　　　材料费 159.42　　　机械费 10.48

管理费 $105.56 \times 19\% = 20.06$　　　利润 $105.56 \times 14\% = 14.78$

综合单价 $105.56 + 159.42 + 10.48 + 20.06 + 14.78 = 310.30$

3-590 换砖椅子

人工费 $4.50 \times 58 = 261.00$　　　材料费 336.89　　　机械费 4.04

管理费 $261.00 \times 19\% = 49.59$　　　利润 $261.00 \times 14\% = 36.54$

综合单价 $261.00 + 336.89 + 4.04 + 49.59 + 36.54 = 688.06$

3-541 换椅子表面塑松树皮

人工费 $12.53 \times 58 = 726.74$　　　材料费 121.00　　　机械费 8.60

管理费 $726.74 \times 19\% = 138.08$　　利润 $726.74 \times 14\% = 101.74$

综合单价 $726.74 + 121.00 + 8.60 + 138.08 + 101.74 = 1096.16$

1-846 换水泥砂浆抹面

人工费 $3.948 \times 58 = 228.98$　　　材料费 42.69　　　机械费 5.48

管理费 $228.98 \times 19\% = 43.51$　　利润 $228.98 \times 14\% = 32.06$

综合单价 $228.98 + 42.69 + 5.48 + 43.51 + 32.06 = 352.72$

2. 套价。见表 4-13。

分部分项工程费计算表 表 4-13

序号	计价表编号	分部分项工程名称	计量单位	工程量	综合单价	合 价
1	1-54 换	挖土方	m³	3.14	45.82	143.87
2	1-91 换	双轮车运土 150m	m³	3.14	22.24	69.83
3	3-493 换	3：7 灰土垫层	m³	2.36	143.71	339.16
4	3-496 换	混凝土垫层	m³	0.78	310.30	242.03
5	3-590 换	砖椅子	m³	3.52	688.06	2421.97
6	3-541 换	椅子表面塑松树皮	10m²	3.519	1096.16	3857.39
7	1-846 换	水泥砂浆抹面	10m²	1.005	352.72	354.48
		小计				7428.73

二、措施项目费的计算

措施项目费的计算包括两部分

（一）按费率计算的费用——分部分项工程费乘以一定费率

1. 假植
项目组成：假植乔木（裸根）；假植灌木（裸根）。
计算规则：
以株进行计算。
2. 栽植技术措施
项目组成：预制混凝土桩、金属支撑、树棍桩、毛竹桩、草绳绕树干、搭设遮荫棚。
计算规则
按株、吨、米、平方米进行计算。

（二）工程量乘以综合单价——与分部分项工程费相似

【实例 4-5】 某园林工程施工时，其分部分项工程费为 6500000 元，正值冬雨期，对建筑物设施临时保护（费率按高线），还用树棍三脚桩支撑乔木，计 150 株，计算其措施项目费（三类工程，人工 58 元/工日，材料不调整）。

解：
子目换算见表 4-14。

计价表项目综合单价组成计算表（子目换算表） 表 4-14

序号	计价表编号	计价表项目名称	计量单位	综合单价	其 中				
					人工费	材料费	机械费	管理费	利润
1	3-246	树棍三脚桩支撑	10 株		34.80	97.95		6.61	4.87

3-246 换树棍三脚桩支撑

人工费 0.6×58=34.80　　材料费 97.95　　管理费 34.80×19%=6.61　　利润 34.80×14%=4.87

综合单价 34.80+97.95+6.61+4.87=144.23

费用计算见表 4-15、表 4-16。

措施项目费计算表（一）   表 4-15

序号	措施项目名称	计算式	金额	备注
1	冬雨期施工增加费	6500000×0.2%	13000	
2	临时设施费	6500000×0.7%	45500	
	小计		58500	

措施项目费计算表（二）   表 4-16

序号	计价表编号	措施项目工程名称	计量单位	工程量	综合单价	合价
1	3-246	树棍三脚桩支撑	10 株	15		2163.45

三、其他项目费的计算；规费、税金的计算；造价的汇总

其他项目费根据约定计算；规费，税金根据省市文件计算。相应费用可以直接在单位工程预算造价汇总表中列式计算。见表 4-17。

单位工程预算造价汇总表   表 4-17

序号	费用名称	计算基础	金 额
一	分部分项工程费		
二	措施项目费		
1	措施项目费（一）		
2	措施项目费（二）		
三	其他项目费用		
1	暂列金额		
2	暂估价		
2.1	材料暂估价		
2.2	专业工程暂估价		
3	计日工		
4	总承包服务费		
四	规费		
1	工程排污费		
2	社会保障费		
3	住房公积金		
五	税金		
六	工程造价		

四、编制说明的撰写

编制说明是施工图预算的重要组成部分。它主要说明所编预算在预算表中无法表达，而又需要审核单位的审核人员与使用单位人员必须了解的内容。

其内容一般包括：

（1）工程概况、编制范围。

（2）编制依据：编制预算所需要的各种依据，如：图纸、定额等。

（3）其他说明：如果不作说明，预算使用者不易了解的一些情况。

施工现场与施工图纸说明不符的情况、对建设单位提供的材料与半成品预算价格的处理、施工图纸的重大修改、对施工图纸不明确之处的处理意见、个别工艺的特殊处理、特殊项目及特殊材料补充单价的编制依据与计算说明、经甲乙双方协商同意编入施工图预算的项目说明、未定事项及其他应予以说明．编制说明见表 4-18。

编 制 说 明 表 4-18

（一）工程概况、编制范围：
（二）编制依据：
（三）其他说明：

五、封面的填写

主要内容包括：建设单位名称、单位工程名称、工程造价、单方造价、编制单位名称、编制人、编制日期、审核单位名称、审核人、审核日期及预算书编号等。

单位工程施工图预算封面的填写同样很重要，封面反映了预算的主要信息，如果填写的不好，会给使用者或审批部门造成重大误解或使用不便，因此必须认真填写，并签字盖章。

园林工程施工图预算封面常见形式见表 4-19。

园林工程施工图预算 表 4-19

建设单位名称：	单位工程名称：
工程造价：	单方造价：
编制单位名称：	审核单位名称：
编制人：	审核人：
编制日期：	审核日期：
	预算书编号：

小 结

本项目分两部分，首先介绍了园林工程施工图预算的概念、作用、编制依据、内容、编制方法、步骤。然后以典型实例介绍了各分部分项计算表的编制；措施项目计算表的编制；其他项目费的计算，规费、税金的计算，造价的汇总；总说明的撰写；封面的填写等内容。本部分讲解详细，将理论知识与实际相结合，是教学中的重点，也是学习中的难点。

实例结合实训、边学边练，使学生加强、巩固所学的知识。

思 考 题

1. 什么是园林工程施工图预算？其作用有哪些？
2. 园林工程施工图预算书的编制依据有哪些？
3. 园林工程施工图预算书包括哪些内容？
4. 谈谈园林工程施工图预算书的编制步骤。
5. 分部分项工程费及措施项目费如何计算？
6. 如何撰写编制说明？

单 项 实 训 四

【**实训 4-1**】 某长方形绿化区（50m×70m）内种有乔木、灌木和花卉等各种绿化植物。如图 4-7 所示。①悬铃木，胸径 20cm 内；②国槐胸径 12cm 内；③月桂胸径 20cm内；④黄杨球高冠幅 100cm 内；⑤榆叶梅冠幅 50cm 内；⑥月季占地分别为 1、1、2m²，人工整理绿化地 3500m²，绿化地上满铺草皮，草坪割草机修剪，计算分部分项工程费（三类工程，合同人工 58 元/工日、悬铃木 45 元/株、国槐 35 元/株、月桂 30 元/株、黄杨球 22 元/株、榆叶梅 15 元/株、月季 4 元/株）。

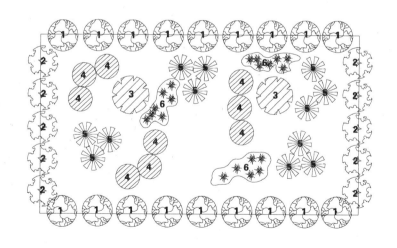

图 4-7　长方形绿化区

1—悬铃木；2—国槐；3—月桂；4—黄杨球；5—榆叶梅；6—月季

解：（一）列项目，计算工程量。见表 4-20。

工 程 量 计 算 书

表 4-20

序号	分部分项工程名称	单位	工程量	计算公式

（二）套《计价表》计算分部分项工程费

1. 子目换算：见表 4-21。

计价表项目综合单价组成计算表（子目换算表）

表 4-21

序号	计价表编号	计价表项目名称	计量单位	综合单价	其 中				
					人工费	材料费	机械费	管理费	利润

2. 套价。见表 4-22。

分部分项工程费计算表   表 4-22

序号	分部分项工程名称	计量单位	工程量	综合单价	合价

【实训 4-2】 现有一人造假山（坐落于地面上），置于一定的位置来点缀风景，具体造型尺寸如图 4-8 所示，石材为太湖石，石块间用水泥砂浆勾缝堆砌，进料验收数量 12 吨、进料剩余量 1.5 吨，计算分部分项工程费。（三类工程、人工 60 元/工日、太湖石 350 元/吨）

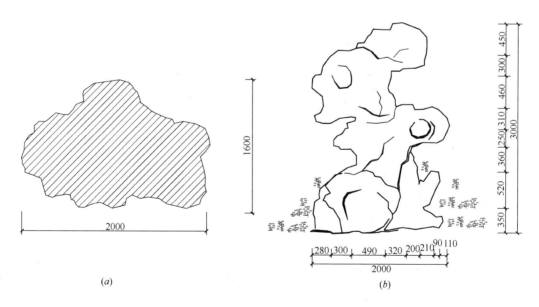

图 4-8 人造假山示意图

（a）平面图；（b）立面图

解：（一）列项目，计算工程量。见表 4-23。

工 程 量 计 算 书　　　　　　　　　表 4-23

序号	分部分项工程名称	单位	工程量	计算公式

（二）套《计价表》，计算分部分项工程费

1. 子目换算。见表 4-24。

计价表项目综合单价组成计算表（子目换算表）　　　表 4-24

序号	计价表编号	计价表项目名称	计量单位	综合单价	其		中		
					人工费	材料费	机械费	管理费	利润

2. 套价。见表 4-25。

分部分项工程费计算表　　　　　　　表 4-25

序号	计价表编号	分部分项工程名称	计量单位	工程量	综合单价	合价

【实训 4-3】 某小区花园用 100 厚预制混凝土空心砖铺装地面，砖内填土种草，施工如图 4-9 所示，计算分部分项工程费（三类工程、土方人工挑抬 100m、人工 58 元/工日、草皮 2.0 元/m^2、基肥 18 元/kg、种植土 35 元/m^3）。

解：（一）列项目，计算工程量。见表 4-26。

70

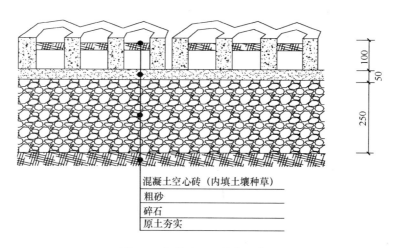

混凝土空心砖（内填土壤种草）

粗砂

碎石

原土夯实

图 4-9 嵌草砖地面铺装示意图

工 程 量 计 算 书   表 4-26

序号	分部分项工程名称	单位	工程量	计算公式

（二）套《计价表》，计算分部分项工程费

1. 子目换算见表 4-27。

计价表项目综合单价组成计算表（子目换算表）   表 4-27

序号	计价表编号	计价表项目名称	计量单位	综合单价	其　　　　　中				
					人工费	材料费	机械费	管理费	利润

序号	计价表编号	计价表项目名称	计量单位	综合单价	其	中			
					人工费	材料费	机械费	管理费	利润

2. 套价。见表 4-28。

分部分项工程费计算表　　　　　　　　　　表 4-28

序号	计价表编号	分部分项工程名称	计量单位	工程量	综合单价	合价

【实训 4-4】 一游园中有一凉亭，如图 4-10 所示，柱、梁为现浇混凝土的，柱高 3.5m，截面半径为 0.2m，共 4 根，埋入地下 0.5m，梁长 2m，截面半径为 0.1m，共 4

根，水泥砂浆找平，塑竹节，刷乳胶漆 3 遍，原木屋面制作用直径 9cm、长 6m 木材，共用 16 根，树皮屋面共 6m²，亭子砖砌台子（长 3m，宽 3m），高出地面 0.3m，台子表面抹水泥砂浆，砖台下 50 厚混凝土、100 厚粗砂、120 厚 3：7 灰土垫层、素土夯实，计算其分部分项工程费（三类工程、双轮车运土 100m，人工 60 元/工日）。

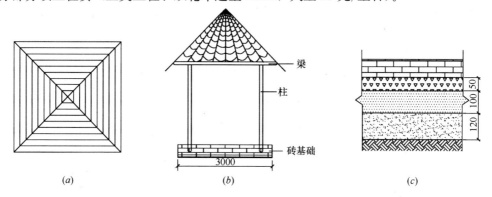

图 4-10　塑竹凉亭示意图

(a) 亭子平面图；(b) 亭子立面图；(c) 砖基础与垫层剖面图

解：（一）列项目，计算工程量。见表 4-29。

工 程 量 计 算 书　　　　　表 4-29

序号	分部分项工程名称	单位	工程量	计算公式

（二）套《计价表》，计算分部分项工程费

1. 子目换算。见表 4-30。

计价表项目综合单价组成计算表（子目换算表）

表 4-30

序号	计价表编号	计价表项目名称	计量单位	综合单价（元）	其		中		
					人工费	材料费	机械费	管理费	利润

2. 套价。见表 4-31。

分部分项工程费计算表　　　　　　　　　　　　表 4-31

序号	计价表编号	分部分项工程名称	计量单位	工程量	综合单价	合价

【实训 4-5】 某园林工程，分部分项工程费 5600000 元。支扁担桩（毛竹）共 300 株，搭设遮荫棚 500m²，还计算现场安全文明施工、临时设施费。计算其措施项目费（三类工程，人工 60 元/工日，材料不调整）。

解：

子目换算见表 4-32。

计价表项目综合单价组成计算表（子目换算）　　　　　表 4-32

序号	计价表编号	计价表项目名称	计量单位	综合单价	其中				
					人工费	材料费	机械费	管理费	利润
1									
2									

费用计算见表4-33、表4-34。

措施项目费计算表（一）　　　　　　　　表 4-33

序号	措施项目名称	计算式	金额	备注

措施项目费计算表（二）　　　　　　　　表 4-34

序号	计价表编号	措施项目工程名称	计量单位	工程量	综合单价	合价

综 合 实 训 一

编制大龙湖公园园林工程施工图预算文件（施工图纸见 P142-P147 附图）。

项目五　园林工程的清单计价

【学习目标】

　　了解：施行工程量清单计价的背景、工程量清单计量的适用范围。

　　熟悉：工程量清单计价框架模式、工程量清单计价的特点、《园林绿化工程工程量规范》、《建设工程工程量清单计价规范》内容、项目的划分及与现行"预算定额"的区别、工程量清单、清单计价编制依据、编制步骤。

　　掌握：工程量清单文件、工程量清单计价文件的编制。

单元一　导　　论

一、施行工程量清单计价的背景

　　我国的概、预算定额产生于20世纪50年代，定额的主要形式是仿照前苏联定额，全国各省市都有自己独自施行的一套工程概预算定额作为编制施工图预算、工程招标标底、投标报价及签订工程承包合同的依据，任何单位和个人在建设工程中必须严格遵照执行，可以说建设工程概、预算定额在当时的计划经济条件下起到了规范建筑市场、确定和衡量建设工程造价标准的作用，使从事建设工程计价专业人士有章可循、有数据可依，其历史功绩是不可磨灭的。到了20世纪90年代后期，市场经济体制在我国开始初步形成，建筑市场随着形势的发展，建设工程开始实行招投标制度，招投标制度从含义和要求上来讲引入的是工程的竞争机制，可是因为定额的限制，招投标制度实际上还是按照定额计价，招投标制度没有起到其应有的作用。

　　近年来，随着我国市场化经济体系的形成，建设工程投资多元化的趋势的出现，国有经济、集体经济、私有经济、三资经济、股份经济等纷纷把资金投入建筑市场，企业成为市场的主体，企业就必须具有充分的价格自主权，才能参与竞争，可以说定额计价方式已不能适应市场化经济发展的需要了，特别是我国加入WTO之后，全球经济一体化的趋势将使我国的经济更多地融入世界经济中，我国必须进一步改革开放。从工程建筑市场来观察，更多的国际资本将进入我国的建筑企业也必然更多的走向世界，在世界建筑市场的激烈竞争中占据我们应有的份额，在这种形势下，我国的工程造价管理制度不仅要适应社会主义市场经济的需求，还必须与国际惯例接轨。为了适应目前工程招投标竞争由市场形成工程造价的需求，对现行工程计价方法和工程预算定额进行改革已势在必行，国际通行的工程量清单计价便应运而生了。

　　2003年2月17日，建设部以119号公告批准了《建设工程工程量清单计价规范》

（GB 50500—2003），2008年建设部对其进行了修订，即《建设工程工程量清单计价规范》（GB 50500—2008），2013年建设部对《建设工程工程量清单计价规范》又进一步修订，将计量与计价分开，分布了《园林绿化工程计量规范》，（GB 500858—2013）及《建设工程工程量清单计价规范》（GB 50500—2013）要求全部国有资金投资或以国有资金投资为主的大中型建设工程采用工程量清单计价，清单计价的实行为建设市场的园林企业充分参与竞争提供了一个平等的平台，使园林企业融入到市场经济的浪潮之中。

那么，市场经济计价的模式是什么？概括的讲，那就是全国制定统一的工程量计算规则，在招标时，由招标方提供工程量清单，各投标单位（承包商）根据自己的实力，按照竞争策略的要求自主报价，业主择优定标，以工程合同使报价法定化，施工中出现与招标文件或合同规定不符合的情况或工程量发生变化时据实索赔，调整支付。

工程量清单计价，从名称上来看，只表现出了这种计价方式与传统计价方式在形式上的区别，但实质上，工程量计价模式是一种与市场经济相适应、允许承包单位自主报价、通过市场竞争确定价格、与国际惯例接轨的计价模式。因此，推广工程量清单计价是我国工程造价管理制度的一项重要改革措施，必将引起我国工程造价管理体制的重大改革。

二、工程量清单计价框架模式

（一）工程量清单计价框架模式

工程量清单计价的基本原理就是以招标人提供工程量清单为平台，投标人根据自身的技术、资金、材料、设备、管理能力进行投标报价，招标人根据具体的评价细则进行优选，这种计价方式是市场定价体系的具体表现形式。

工程量清单计价的基本过程可以描述为，在统一工程量计算规则的基础上，制定工程量清单项目设置规则，根据具体工程的施工图纸计算出各个清单项目的工程量，再根据各种渠道所获得的工程造价信息和经验数据计算得到工程造价，其基本过程如图5-1所示。

从工程量清单计价过程的示意图中可以看出，其编制过程可以分为两个阶段：工程量

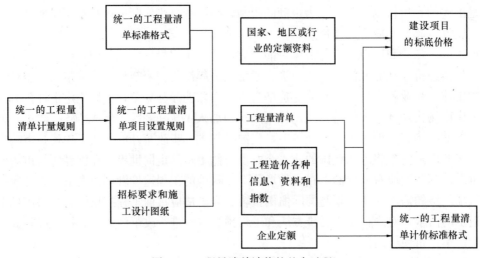

图 5-1　工程量清单计价的基本过程

清单的编制和利用工程量清单来编制招标控制价或投标报价。投标报价是在业主提供的工程量计算结果的基础上，根据企业自身所掌握的各种信息、资料，结合企业定额编制的。

（二）工程量清单计价的具体操作

工程量清单计价作为一种市场价格的形成机制，主要是用在工程的招投标阶段，因此工程量清单计价的操作过程可以从招标、投标、评价三个阶段来阐述。

1. 工程招标阶段

招标人在工程方案、初步设计或部分施工图纸设计完成后，即可委托招标文件的编制单位（或招标代理单位）按照统一的工程量计量规则，在以单位工程为对象，计算并列出各分部分项工程的工程量清单（应附有关的施工内容说明），作为招标文件的组成部分发放给各投标单位。其工程量清单的粗细程度、准确程度取决于工程的设计深度及编制人员的技术水平和经验。在分部分项工程量清单中，项目编码、项目名称、计量单位和工程数量等项招标单位根据全国统一的《园林工程工程量清单计量规范》和计算规则填写。单价与合价由投标人根据自己的施工组织设计（如工程量的大小、施工方案的选择、施工机械和劳动力的配置、材料供应等）以及招标单位对工程量的质量要求等因素综合评定后填写。

2. 投标单位做标书阶段

投标单位接到招标文件后，首先要对招标文件进行透彻的分析研究，对图纸进行仔细的理解。其次，要对招标文件中所列的工程量清单进行审核，审核中，要视招标文件是否允许对工程量清单内所列的工程量误差进行调整并决定审核办法。如果允许调整，就要详细审核工程量清单内所列的各工程项目的工程量，对有较大误差的，通过招标单位答疑会提出调整意见，取得招标单位同意后进行调整；如果不允许调整工程量，则不需要对工程量进行详细的审核，只对主要项目或工程量大的项目进行审核，发现这些项目有较大误差时，可以利用调整这些项目单价的方法解决。第三，工程量套用单价及汇总计算。工程量单价的套用有两种方法：一种是工料单价法，一种是综合单价法。工料单价法，按照现行预算定额的工、料、机消耗标准及预算价格确定后，再确定其他直接费、现场经费、管理费、利润、有关文件规定的调差、风险金、税金等一切费用。工料单价法虽然价格的构成比较清楚，但缺点也是明显的，它反映不出工程实际的质量要求和投标企业的真实技术水平，容易使企业再次陷入定额计价的老路。综合单价，综合了直接工程费、间接费、有关文件规定的调价、利润或包括税金以及采用规定价格的工程量预算的风险金等全部费用。综合单价法优点是当工程量发生变更时，易于查对，能够反映本企业的技术能力、工程管理能力。根据我国现行的工程量清单计价办法，单价采用的是综合单价。

3. 评标阶段

在评标时可以对投标单位的最终报价以及分项工程的综合单价的合理性进行评分。由于采用了工程量清单计价方法，所有投标单位都站在同一起跑线上，因而竞争更为公平合理，有利于实现优胜劣汰，而且在评标时应坚持倾向于合理低标价中标的原则。当然，在评标时仍然可以采用综合评分的方法，不仅考虑报价因素，而且还对投标单位的施工组织设计、企业业绩和信誉等按一定的权重分值分别进行计分，按总评分的高低确定中标单位。或者采用两阶段评标的方法，即先对投标单位的技术方案进行评价，在技术方案可行的前提下，再以投标单位的报价作为评标定标的唯一因素，这样既可以保证工程建设质量，又有利于业主选择一个合理的、报价较低的单位中标。

工程价格形成的主要阶段是招标阶段，但由于我国的投资费用管理和工程价格管理模式并没有严格区分，所以长期以来在招标阶段实行按预算定额规定的分部分项子目，逐项计算工程量，套用预算定额单价（计价表）确定直接费，然后按规定的取费标准确定其他直接费、现场经费、间接费、计划利润和税金，加上材料调差系数和适当的不可预见费，经汇总后即为工程预算或标底，而标底则作为评标定标的主要依据。这种模式在工程价格的形成过程中存在比较明显的缺陷。工程量清单计价的模式改善了在工程价格上形成的缺陷。

三、工程量清单计价的特点

工程量清单计价的特点具体体现在以下几个方面：

（一）"统一计价规则"——通过制定统一的建设工程工程量清单计价方法、统一的工程计量规则、统一的工程量清单项目设置规则，达到规范计价行为的目的。这些规则和办法是强制性的，建设各方面都应该遵守，这是工程造价管理部门首次在文件中明确政府应管什么，不应管什么。

（二）"有效控制消耗量"——通过由政府发布统一的社会平均消耗量指导标准，为企业提供一个社会平均尺度，避免企业盲目或随意大幅度减少或扩大消耗量，从而达到保证工程质量的目的。

（三）"彻底放开价格"——将工程消耗量定额中的人工、材料、机械价格和利润、管理费全面放开，由市场的供求关系自行确定价格。

（四）"企业自主报价"——投标企业根据自身的技术专长、材料采购渠道和管理水平等，制定企业自己的报价定额，自主报价。企业尚无报价定额的，可参考使用造价管理部门颁布的《建设工程消耗量定额》（各省预算定额或计价表）。

（五）"市场有序竞争形成价格"——通过建立与国际惯例接轨的工程量清单计价模式，引入充分竞争形成价格的机制，制定衡量投标报价合理性的基础标准，在投标过程中，有效引入竞争机制，淡化标底的作用，在保证质量、工程的前提下，按国家《招标投标法》及有关条款规定，最终以"不低于成本"的合理低价者中标。

四、工程量清单计价方法的适用范围

全部使用国有资金投资或国有资金投资为主的工程建设项目，必须采用工程量清单计价。
国有资金投资的工程建设项目包括使用国有资金投资和国家融资资金的工程建设项目。
1. 国有资金投资的工程建设项目包括：
（1）使用各级财政预算资金的项目；
（2）使用纳入财政管理的各种政府性专项建设资金的项目；
（3）使用国有企事业单位自有资金，并且国有资产投资者实际拥有控制权的项目。
2. 国家融资资金投资的工程建设项目包括：
（1）使用国家发行债券所筹资金的项目；
（2）使用国家对外借款或者担保所筹资金的项目；
（3）使用国家政策性贷款的项目；

（4）国家授权投资主体融资的项目；

（5）国家特许的融资项目。

3. 国有资金为主的工程建设项目：

是指国有资金占总投资总额 50 ％以上，或虽不足 50％，但国有投资者实质上拥有控股权的工程建设项目。

单元二 《园林绿化工程工程量计量规范》（GB 500858—2013）《建设工程工程量清单计价规范》（GB 50500—2013）简介

一、制定《园林绿化工程工程量计量规范》《建设工程工程量清单计价规范》的目的

为规范工程造价计价行为，统一园林工程工程量清单的编制，项目设置和计量规则，制定本规范。

二、《园林绿化工程工程量计量规范》的适用范围

本规范适用于园林工程施工发承包计价活动中的工程量。清单编制和工程量计算。

三、《园林绿化工程工程量计量规范》的主要内容

《园林绿化工程工程量计量规范》由总则、术语、一般规定、分部分项工程、措施项目。附录组成。

总则阐述了制定本规范的目的和意义。术语是从本规范的角度赋予其含义的。

一般规定规定了工程量清单的编制依据等内容。

分部分项工程措施项目规定了构成一个工程量清单的 5 个要件；规定了工程量清单各构成要件的编制规定等内容。

附录规定了项目编码、项目特征、计量单位、计算规则及工作内容。

四、《园林绿化工程工程量计量规范》附录构成

附录 A　绿化工程

A.1 绿地整理　A.2 栽植花木　A.3 绿地喷灌

附录 B　园路、园桥工程

B.1 园路、园桥工程　B.2 驳岸、护岸

附录 C　园林工程

C.1 堆塑假山　C.2 原木、竹构件　C.3 亭廊屋面　C.4 花架　C.5 园林桌椅

C.6 喷泉安装　C.7 杂项

　　附录 D　措施项目

　　D.1 脚手架工程　D.2 模板工程　D.3 垂直运输机械　D.4 树木支撑架、草绳绕树干、搭设遮荫（防寒）棚工程　D.5 围堰、排水工程　D.6 绿化工程保存养护

五、《建设工程工程量清单计价规范》的主要内容

　　《建设工程工程量清单计价规范》（GB 50500—2013）由总则、术语、一般规定、招标工程量清单、招标控制价、招标报价、合同价款约定、工程计量、合同价款调整、合同价款中期支付、施工结算与支付、合同制度的价款结算与支付、合同价款争议的解决、工程计价资料与档案、计价表格 15 项内容组成。

六、《园林绿化工程工程量计量规范》、《建设工程工程量清单计价规范》与其他标准的关系

　　园林工程计量与计价活动，除应遵守本规范外，尚应符合国家现行有关标准的规定。

七、《园林绿化工程工程量计量规范》项目的划分及与现行"预算定额"的区别

　　见表 5-1

《园林绿化工程工程量计量规范》项目的划分及与现行"预算定额"的区别

表 5-1

序　号	项　目	清　单　项　目	预　算　定　额
1	每一项目	1. 一般是以一个"综合实体"考虑的 2. 一般包括多项工程内容	1. 一般是按施工工序进行设置的 2. 包括的工程内容一般是单一的
2	计算规则	工程量按实体净值计算	工程量按实物加上人为规定的预留量或操作余度等因素

单元三　工程量清单文件的编制

一、概述

（一）术语释解：

　　1. 工程量清单：表示拟建园林工程的分部分项工程项目、措施项目、其他项目、规费项目和税金项目的名称和相应数量等的明细清单。

2. 招标工程量清单：招标人依据国家标准、招标文件、设计文件以及施工现场实际情况编制的，随招标文件发布供投标报价的工程量清单。

3. 已标价工程量清单：构成合同文件组成部分的招标文件中已表明价格，经算数性错误修正（如有）且承包人已确认的工程量清单，包括对其的说明和表格。

（二）工程量清单的编制依据

工程量清单编制的依据有：

1.《园林绿化工程工程量计量规范》。

2. 国家或省级、行业建设主管部门颁发的计价依据和办法。

3. 园林工程设计文件。

4. 与园林工程项目有关的标准、规范、技术资料。

5. 招标文件及其补充通知、答疑纪要。

6. 施工现场情况、工程特点及常规施工方案。

7. 其他相关资料。

还应依据以下文件

1. 经审定的施工设计图纸及其说明。

2. 经审定的施工组织设计或施工技术措施方案。

3. 经审定的其他有关技术经济文件。

《园林绿化工程工程量计量规范》附录 A、附录 B、附录 C、附录 D、应作为编制工程量清单的最主要依据。

（三）工程量清单的编制的内容

工程量清单文件由下列内容组成：封面，总说明，分部分项工程量清单表，措施项目清单表，其他项目清单表，规费、税金项目清单表。

（四）工程量清单编制步骤

工程量清单一般可按如下步骤编制：

1. 准备及熟悉施工图纸，《园林绿化工程工程量计量规范》等有关资料。

2. 列项目，计算工程量。

3. 编制分部分项工程量清单表。

4. 编制措施项目清单表。

5. 编制其他项目清单表。

6. 编制规费、税金项目清单表。

7. 复核。

8. 填写总说明。

9. 填写封面，签字，盖章，装订。

编制步骤见图 5-2。

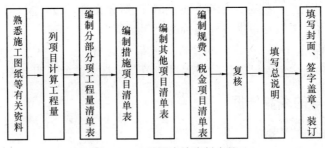

图 5-2 工程量清单编制步骤

(五) 工程量清单编制的一般规定

1. 工程量清单的编制主体——具有编制能力的招标人或受其委托，具有相应资质的工程造价咨询人。

招标人是进行工程建设的主要责任主体，其责任包括负责编制工程量清单。若招标人不具备编制工程量清单的能力，可委托工程造价咨询人编制。根据《工程造价咨询企业管理办法》（建设部第 149 号令），受委托编制工程量清单的工程造价咨询人应依法取得工程造价咨询资质，并在其资质许可的范围内从事工程造价咨询活动。

2. 工程量清单是招标文件的组成部分及其编制责任—— 采用工程量清单方式招标，工程量清单必须作为招标文件的组成部分，其准确性和完整性由招标人负责。

采用工程量清单方式招标发包，工程量清单必须作为招标文件的组成部分，招标人应将工程量清单连同招标文件的其他内容一并发（或发售）给投标人。招标人对编制的工程量清单的准确性和完整性负责。投标人依据工程量清单进行投标报价，对工程量清单不负有核实的义务，更不具有修改和调整的权力。

二、分部分项工程量清单表的编制

分部分项工程：分部工程是单位工程的组成部分，系按园林及绿化项目施工特点或施工任务将单位工程划分为若干分部工程；分项工程是分部工程的组成部分，系按不同施工方法、材料、工序等将分部工程划分为若干个分项工程。

(一) 分部分项工程量清单表编制的一般规定

1. 构成一个分部分项工程量清单的五个要件

分部分项工程量清单应包括项目编码、项目名称、项目特征、计量单位和工程量。

项目编码、项目名称、项目特征、计量单位和工程量，这五个要件在分部分项工程量清单的组成中缺一不可。

2. 分部分项工程量清单的编制要求

分部分项工程量清单应根据附录规定的项目编码、项目名称、项目特征、计量单位和工程量计算规则进行编制。

3. 工程量清单项目编码的设置要求

项目编码是分部分项工程和措施项目工程量清单项目名称的阿拉伯数字标识。

工程量清单的项目编码，应采用十二位阿拉伯数字表示。一至九位应按附录的规定设置，十至十二位应根据拟建工程的工程量清单项目名称设置，同一招标工程的项目编码不得有重码。

各位数字的含义是：一、二位为专业工程代码；三、四位为附录分类顺序码；五、六位为分部工程顺序码；七、八、九为分项工程项目名称顺序码；十至十二位为清单项目名称顺序码。清单项目编码设置如图5-3所示。

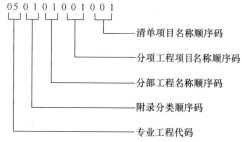

图 5-3　清单项目编码设置

例如：050101001001

05——园林工程（专业工程）；

01——附录 A 绿化工程（附录分类）；

01——绿化工程中第一项绿地整理（分部工程）；

001——绿地整理中第一项伐树（分项工程）；

001——伐树中第一个项目（项目）。

当同一标段（或合同段）的一份工程量清单中含有多个单位工程且工程量清单是以单位工程为编制对象时，在编制工程量清单时应特别注意对项目编码十至十二位的设置不得有重码的规定。例如一个标段（或合同段）的工程量清单中含有三个单位工程，每一单位工程中都有项目特征相同的堆砌石假山，在工程量清单中又需反映三个不同单位工程的堆砌石假山工程量时，则第一个单位工程的堆砌石假山的项目编号应为050301002001，第二个单位工程的堆砌石假山的项目编号应为050301002002，第三个单位工程的堆砌石假山的项目编号应为050301002003，并分别列出各单位工程堆砌石假山的工程量。

4. 清单项目名称的确定原则

分部分项工程量清单的项目名称应按附录中的项目名称，结合拟建工程的实际确定。

5. 清单项目的工程量的计算原则

分部分项工程量清单中所列工程量应按附录中规定的工程量计算规则计算。

工程量的有效位数应遵循下列规定：

（1）以"t"为单位，应保留三位小数，第四位小数四舍五入；

（2）以"m³"、"m²"、"m"、"kg"为单位，应保留两位小数，第三位小数四舍五入；

（3）以"株、丛、个、件、根、套、组"等为单位，应取整数。

6. 清单项目的计量单位的确定原则

分部分项工程量清单的计量单位应按附录中规定的计量单位确定。

当附录中有两个或两个以上计量单位的项目时，在计算工程量时，应结合拟建工程项目的实际情况，选择其中一个作为计量单位，在同一个建设项目（或标段、合同段）中。有多个单位工程的相同项目计量单位必须保持一致。例如栽植竹类的计量单位为"1、株，2、丛"两个计量单位，实际工作中，就应选择最适宜，最方便计量的单位来表示。

7. 清单项目特征的描述原则

项目特征是构成分部分项工程量清单项目、措施项目自身价值的本质特征。

工程量清单的项目特征是确定一个清单项目综合单价不可缺少的重要依据，在编制工程量清单时，必须对项目特征进行准确和全面的描述。但有些项目特征用文字往往又难以准确和全面的描述清楚。因此为达到规范、简捷、准确、全面描述项目特征的要求，在描述工程量清单项目特征时应按以下原则进行：

（1）项目特征描述的内容应按附录中的规定，结合拟建工程的实际，能满足确定综合单价的需要。

（2）若采用标准图集或施工图纸能够全部或部分满足项目特征描述的要求，项目特征描述可直接采用详见××图集或××图号的方式。对不能满足项目特征描述要求的部分，仍应用文字描述。

工程量清单项目特征描述的重要意义在于：

①项目特征是区分清单项目的依据。工程量清单项目特征是用来表述分部分项清单项目的实质内容，用于区分计量规范中同一清单条目下各个具体的清单项目。没有项目特征的准确描述，对于相同或相似的清单项目名称，就无从区分。

②项目特征是确定综合单价的前提。由于工程量清单项目的特征决定了工程实体的实质内容，必然直接决定了工程实体的自身价值。因此，工程量清单项目特征描述得准确与否，直接关系到工程量清单项目综合单价的准确确定。

③项目特征是履行合同义务的基础。实行工程量清单计价，工程量清单及其综合单价是施工合同的组成部分，因此，如果工程量清单项目特征的描述不清甚至漏项、错误，从而引起在施工过程中的更改，都会引起分歧，导致纠纷。

由此可见，清单项目特征的描述，应根据计量规范附录中有关项目特征的要求，结合技术规范、标准图集、施工图纸，按照工程结构、使用材质及规格或安装位置等，予以详细而准确的表述和说明。可以说离开了清单项目特征的准确描述，清单项目就将没有生命力。比如我们要购买某一商品，如汽车，我们就首先要了解汽车的品牌、型号、结构、动力、内配等诸方面，因为这些决定了汽车的价格。当然，从购买汽车这一商品来讲，商品的特征在购买时已经形成，买卖双方对此均已了解。但相对于园林绿化来说，比较特殊，因此在合同的分类中，工程发、承包施工合同属于加工承揽合同中的一个特例，实行工程量清单计价，就需要对分部分项工程量清单项目的实质内容、项目特征进行准确描述，就好比我们要购买某一商品，要了解品牌、性能等是一样的。因此，准确的描述清单项目的特征对于准确的确定清单项目的综合单价具有决定性的作用。当然，由于种种原因，对同一个清单项目，由不同的人进行编制，会有不同的描述，尽管如此，体现项目本质区别的特征和对报价有实质影响的内容都必须描述，这一点是无可置疑的。

分部分项工程量清单的综合单价，按设计文件以"项目特征"确定，因为决定一个分部分项工程量清单项目价值大小的是"项目特征"。

8. 附录中没有的项目的补充要求

随着工程建设中新材料、新技术、新工艺等的不断涌现，本规范附录所列的工程量清单项目不可能包含所有的项目。在编制工程量清单时，当出现本规范没有的清单项目时，编制人应作补充。在编制补充项目时应注意以下三个方面：

（1）补充项目的编码应按本规范的规定确定。具体做法如下：补充项目的编码由本规范的代码05与B和三位阿拉伯数字组成，并应从05B001起顺序编制，同一招标工程的项目不得重码。

（2）在工程量清单中应附有补充项目的项目名称、项目特征、计量单位、工程量计算规则、工程内容。

（3）将编制的补充项目报省级或行业工程造价管理机构备案。

（二）分部分项工程量清单表的编制

分部分项工程量清单列项内容参照附录 A、B、C。

附录A 绿 化 工 程

1. 计量规范附录 A 相关内容

A.1 绿地整理。工程量清单项目设置、项目特征描述内容、计量单位、工程量计算规则应按表 A.1（表 5-2）的规定执行。

表 A.1 绿地整理（编码：050101）　　　　　　表 5-2

项目编码	项目名称	项目特征	计量单位	工程量计算规则	工作内容
050101001	伐树	树干胸径	株	按数量计算	1. 伐树 2. 废弃物运输 3. 场地清理
050101002	挖树根（蔸）	地径			1. 挖树根 2. 废弃物运输 3. 场地清理
050101003	砍挖灌木丛及根	丛高或蓬径	1. 株 2. m²	1. 以株计量，按数量计算 2. 以平方米计算，按面积计算	1. 灌木及根砍挖 2. 废弃物运输 3. 场地清理
050101004	砍挖竹及根	根盘直径	1. 株 2. 丛	按数量计算	1. 竹及根砍挖 2. 废弃物运输 3. 场地清理
050101005	砍芦苇及根	根盘丛径	m²	按面积计算	1. 芦苇及根砍挖 2. 废弃物运输 3. 场地清理
050101006	清除草皮	草皮种类			1. 除草 2. 废弃物运输 3. 场地清理
050101007	清除地被植物	植物种类			1. 清理植物 2. 废弃物运输 3. 场地清理
050101008	屋面清理	1. 屋面做法 2. 屋面高度 3. 垂直运输方式		按设计图示尺寸以面积计算	1. 原屋面清扫 2. 废弃物运输 3. 场地清理
050101009	种植土回（换）填	1. 回填土质要求 2. 取土运距 3. 回填厚度	1. m³ 2. 株	1. 以立方米计量，按设计尺寸回填面积乘以回填土厚度以体积计算 2. 以株计量，按设计图示数量计算	1. 土方挖、运 2. 回填 3. 找平、找坡 4. 废弃物运输

项目编码	项目名称	项目特征	计量单位	工程量计算规则	工作内容
050101010	整理绿化用地	1. 回填土质要求 2. 取土运距 3. 回填厚度 4. 找平找坡要求 5. 弃渣运距	m²	按设计图示尺寸以面积计算	1. 排地表水 2. 土方挖、运 3. 耙细、过筛 4. 回填 5. 拍实 6. 找平、找坡 7. 废弃物运输
050101011	绿地起坡造型	1. 回填土质要求 2. 回填厚度 3. 取土运距 4. 起坡平均厚度	m³	按设计图示尺寸以体积计算	1. 排地表水 2. 土方挖、运 3. 耙细、过筛 4. 回填 5. 拍实 6. 找平、找坡 7. 废弃物运输
050101012	屋顶花园基底处理	1. 找平层厚度、砂浆种类、砂浆等级 2. 防水层种类、做法 3. 排水层厚度、材质 4. 过滤层厚度、材质 5. 回填轻质土厚度、种类 6. 屋面高度 7. 阻根层厚度、材质、做法	m²	按设计图示尺寸以面积计算	1. 抹找平层 2. 防水层铺设 3. 排水层铺设 4. 过滤层铺设 5. 填轻质土壤 6. 阻根层铺设 7. 运输

注：1. 整理绿化用地项目包含厚度 300mm 以内回填土，厚度 300mm 以上回填土，应按《房屋建筑与装饰工程计量规范》相应项目编码列项。
2. 绿地起坡造型，适用于松（抛）填。

A.2 栽植花木。工程量清单项目设置、项目特征描述内容、计量单位、工程量计算规则应按表 A.2（表 5-3）的规定执行。

表 A.2 栽植花木（编码：050102）　　　　　　表 5-3

项目编码	项目名称	项目特征	计量单位	工程量计算规则	工作内容
050102001	栽植乔木	1. 乔木种类 2. 乔木胸径 3. 养护期	株	按设计图示数量计量	
050102002	栽植竹类	1. 竹种类 2. 竹胸径或根盘丛径 3. 养护期	1. 株 2. 丛	按设计图示数量计量	1. 起挖 2. 运输 3. 栽植 4. 养护
050102003	栽植棕榈类	1. 棕榈种类 2. 株高或地径 3. 养护期	株	按设计图示数量计量	
050102004	栽植灌木	1. 灌木种类 2. 灌木规格 3. 养护期	1. 株 2. m²	1. 以株计量，按设计图示数量计算 2. 以平方米计量，按设计图示尺寸以绿化水平投影面积计算	

项目编码	项目名称	项目特征	计量单位	工程量计算规则	工作内容
050102005	栽植绿篱	1. 绿篱种类 2. 篱高 3. 行数、蓬径或单位面积株数 4. 养护期	1. m 2. m²	1. 以米计量，按设计图示长度以延长米计算 2. 以平方米计量，按设计图示尺寸以绿化水平投影面积计算	1. 起挖 2. 运输 3. 栽植 4. 养护
050102006	栽植攀缘植物	1. 植物种类 2. 地径 3. 养护期	1. 株 2. m	1. 以株计量，按设计图示数量计算 2. 以米计量，按设计图示种植长度以延长米计算	
050102007	栽植色带	1. 苗木、花卉种类 2. 株高或蓬径 3. 单位面积株数 4. 养护期	m²	按设计图示尺寸以绿化水平投影面积计算	
050102008	栽植花卉	1. 花卉种类 2. 株高或蓬径 3. 单位面积株数 4. 养护期	1. 株（丛、缸） 2. m²	1. 以株、丛、缸计量，按设计图示数量计算 2. 以平方米计量，按设计图示尺寸以水平投影面积计算	
050102009	栽植水生植物	1. 植物种类 2. 株高或蓬径或芽数/株 3. 单位面积株数 4. 养护期	1. 丛 2. 缸 3. m²		
050102010	垂直墙体绿化种植	1. 植物种类 2. 生长年数或地（干）径 3. 养护期	1. m² 2. m	1. 以平方米计量，按设计图示尺寸以绿化水平投影面积计算 2. 以米计量，按设计图示种植长度以延长米计算	
050102011	花卉立体布置	1. 草本花卉种类 2. 高度或蓬径 3. 单位面积株数 4. 种植形式 5. 养护期	1. 单体 2. 处 3. m²	1. 以单体（处）计量，按设计图示数量计算 2. 以平方米计量，按设计图示尺寸以面积计算	
050102012	铺种草皮	1. 草皮种类 2. 铺种方式 3. 养护期			
050102013	喷播植草	1. 基层材料种类规格 2. 草籽种类 3. 养护期	m²	按设计图示尺寸以绿化投影面积计算	1. 基层处理 2. 坡地细整 3. 阴坡 4. 草籽喷播 5. 覆盖 6. 养护
050102014	植草砖内植草（籽）	1. 草籽种类 2. 养护期			1. 起挖 2. 运输 3. 栽植 4. 养护

项目编码	项目名称	项目特征	计量单位	工程量计算规则	工作内容
050102015	栽种木箱	1. 木材品种 2. 木箱外形尺寸 3. 防护材料种类	m²	按设计图文数量计算	1. 制作 2. 运输 3. 安放

注：1. 挖土外运、借土回填、挖（凿）土（石）方括在相关项目内。

2. 苗木计算应符合下列规定：

(1) 胸径应为地表面向上 1.2m 高处树干直径（或以工程所在地规定为准）。

(2) 冠径又称冠幅，应为苗木冠丛垂直投影面的最大直径和最小直径之间的平均值。

(3) 蓬径应为灌木、灌丛垂直投影面的直径。

(4) 地径应为地表面向上 0.1m 处树干直径。

(5) 干径应为地表面向上 0.3m 处树干直径。

(6) 株高应为地表面至树顶端的高度。

(7) 灌丛高应为地表面至乔（灌）木顶端的高度。

(8) 篱高应为地表面至绿篱顶端的高度。

(9) 生长期应为苗木种植至起苗的时间。

(10) 养护期应为招标文件中要求苗木种植结束，工程竣工验收通过后承包人负责养护的时间。

3. 苗木移（假）植按花木栽植相关项目单独编码列项。

4. 土球包裹材料，打吊针及喷洒生根剂等费用应包含在相应项目内。

A.3 绿地喷灌。工程量清单项目设置、项目特征描述内容、计量单位、工程量计算规则应按表 A.3 的规定执行。

表 A.3 绿地喷灌（编码：050103）略。

2. 编制实例

【实例 5-1】 某公园带状绿地位于公园大门口入口处南端，长 100m、宽 15m，如 P52 图 4-3 所示，绿地种植乔木、灌木、除绿篱（双排，高 50cm，每米 3 棵）处，均铺种草坪（冷季型，散铺）。①小叶女贞（高 60cm、每米 3 棵）；②合欢（裸根截干，胸径 40cm）；③广玉兰（带土球，直径 30cm）；④樱花（带土球，直径 50cm）；⑤红叶李（带土球，直径 80cm）；⑥丁香（带土球，直径 20cm），编制分部分项工程量清单。

解：(1) 确定项目名称、项目编码，计算清单工程量

见工程量计算书表 5-4 所示。

工 程 量 计 算 书　　　　　　　　　　表 5-4

序号	项目名称	项目编码	计量单位	工程量	计算公式
1	人工整理绿化地	050101010001	m²	1500	100×15
2	栽植绿篱（小叶女贞）	050102005001	m	30	
3	栽植乔木（合欢）	050102001001	株	22	
4	栽植乔木（广玉兰）	050102001002	株	4	
5	栽植乔木（樱花）	050102001003	株	2	
6	栽植乔木（红叶李）	050102001004	株	3	
7	栽植灌木（丁香）	050102004001	株	6	
8	铺种草皮	050102012001	m²	1440	100×15−15×2×2

（2）工程量清单表的编制

分部分项工程量清单表见表 5-5。

分部分项工程量清单与计价表　　　　　表 5-5

序号	项目编码	项目名称	项目特征描述	计量单位	工程量	综合单价	合价	其中：暂估价
						金额（元）		
1	050101010001	人工整理绿化地	就地找平	m²	1500			
2	050102005001	栽植绿篱（小叶女贞）	小叶女贞、高60cm、每米3棵	m	30			
3	050102001001	栽植乔木（和欢）	和欢、胸径40cm	株	22			
4	050102001002	栽植乔木（广玉兰）	广玉兰土球直径30cm	株	4			
5	050102001003	栽植乔木（樱花）	樱花土球直径30cm	株	2			
6	050102001004	栽植乔木（红叶李）	红叶李土球直径20cm	株	3			
7	050102004001	栽植灌木（丁香）	丁香土球直径60cm	株	6			
8	050102012001	铺种草皮	冷季型，散铺。割草机修剪	m²	1440			

附录 B　园路、园桥工程

1. 计量规范附录 B 相关内容

B.1　园路、园桥工程。工程量清单项目设置、项目特征描述内容、计量单位、工程量计算规则应按表 B.1（表 5-6）的规定执行。

表 B.1 园路、园桥工程（编码：050201）　　　　　表 5-6

项目编码	项目名称	项目特征	计量单位	工程量计算规则	工作内容
050201001	园路	1. 路床土石类别 2. 垫层厚度、宽度、材料种类 3. 路面厚度、宽度、材料种类 4. 砂浆强度等级	m²	按设计图示尺寸以面积计算，不包括路牙	1. 路基、路床整理 2. 垫层铺筑 3. 路面铺筑 4. 路面养护
050201002	踏（蹬）道			按设计图示尺寸以水平投影面积计算，不包括路牙	
050201003	路牙铺设	1. 垫层厚度、材料种类 2. 路牙材料种类、规格 3. 砂浆强度等级	m	按设计图示尺寸以长度计算	1. 清理基层 2. 垫层铺设 3. 路牙铺设

项目编码	项目名称	项目特征	计量单位	工程量计算规则	工作内容
050201004	树池围牙、盖板（箅子）	1. 围牙材料种类、规格 2. 铺设方式 3. 盖板材料种类、规格	1. m 2. 套	1. 以米计量，按设计图示尺寸以长度计算 2. 以套计量，按设计图示数量计算	1. 基层清理 2. 围牙、盖板运输 3. 围牙、盖板铺设
050201005	嵌草砖铺装	1. 垫层厚度 2. 铺设方式 3. 嵌草砖品种、规格、颜色 4. 镂空部分填土要求	m²	按设计图示尺寸以面积计算	1. 原土夯实 2. 垫层铺设 3. 铺砖 4 填土
050201006	桥基础	1. 基础类型 2. 垫层及基础材料种类、规格 3. 砂浆强度等级		按设计图示尺寸以体积计算	1. 垫层铺筑 2. 基础砌筑 3. 砌石
050201007	石桥墩、石桥台	1. 石料种类、规格 2. 勾缝要求 3. 砂浆强度等级、配合比	m³	按设计图示尺寸以体积计算	1. 石料加工 2. 起重架搭、拆 3. 墩、台、券石、券脸砌筑 4. 勾缝
050201008	拱券石制作、安装				
050201009	石券脸制作、安装	1. 石料种类、规格 2. 券脸雕刻要求 3. 勾缝要求 4. 砂浆强度等级、配合比	1. m²	按设计图示尺寸以面积计算	
050201010	金刚墙砌筑		m³	按设计图示尺寸以体积计算	1. 石料加工 2. 起重架搭、拆 3. 砌石 4. 填土夯实
050201011	石桥面铺筑	1. 石料种类、规格 2. 找平层厚度、材料种类 3. 勾缝要求 4. 混凝土强度等级 5. 砂浆强度等级	m²	按设计图示尺寸以面积计算	1. 石材加工 2. 抹找平层 3. 起重架搭、拆 4. 桥面、桥面踏步铺设 5. 勾缝
050201012	石桥面檐板	1. 石料种类、规格 2. 勾缝要求 3. 砂浆强度等级、配合比			1. 石材加工 2. 檐板铺设 3. 铁锔、银锭安装 4. 勾缝
050201013	石汀步（步石、飞石）	1. 石料种类、规格 2. 砂浆强度等级、配合比	m³	按设计图示尺寸以体积计算	1. 基层整理 2. 石材加工 3. 砂浆调运 4. 砌石

项目编码	项目名称	项目特征	计量单位	工程量计算规则	工作内容
050201014	木制步桥	1. 桥宽度 2. 桥长度 3. 木材种类 4. 各部位截面长度 5. 防护材料种类	m²	按设计图示尺寸以桥面板长乘桥面板宽以面积计算	1. 木桩加工 2. 打木桩基础 3. 木梁、木桥板、木桥栏杆、木扶手制作、安装 4. 连接铁件、螺栓安装 5. 刷防护材料
050201015	栈道	1. 栈道宽度 2. 支架材料种类 3. 面层材料种类 4. 防护材料种类			1. 凿洞 2. 安装支架 3. 铺设面板 4. 刷防护材料

注：1. 园林、园桥工程的挖土方、开凿石方、回填等应按《市政工程计量规范》相关项目编码列项；
2. 如遇某些构配件使用钢筋混凝土或金属构件时，应按《房屋建筑与装饰工程计量规范》或《市政工程计量规范》相关项目编码列项；
3. 地伏石、石望柱、石栏杆、石栏板、扶手、撑鼓等应按《仿古建筑工程计量规范》相关项目编码列项；
4. 亲水（小）码头各分部分项项目按照园桥相关项目编码列项；
5. 台阶项目按《房屋建筑与装饰工程计量规范》相关项目编码列项；
6. 混合类构件园桥按《房屋建筑与装饰工程计量规范》或《通用安装工程计量规范》相关项目编码列项。

B.2 驳岸。工程量清单项目设置、项目特征描述内容、计量单位、工程量计算规则应按表 B.2 的规定执行。

表 B.2 驳岸、护岸（编码：050202）略。

2. 编制实例

【实例 5-2】 某校园有一处嵌草砖（预制方格混凝土砖、厚 20cm）铺装场地，方格混凝土砖填土镶草，场地长 60m、宽 15m，其局部剖面示意图如 P59 图 4-5 所示，编制分部分项工程量清单。

解：（1）确定项目名称、项目编码，计算清单工程量

见工程量计算书见表 5-7。

工 程 量 计 算 书　　　　　　　　　　　　　　　表 5-7

序号	项目名称	项目编码	计量单位	工程量	计算公式
1	嵌草砖铺装	050201005001	m²	900	

（2）工程量清单表的编制

分部分项工程量清单表见表 5-8。

分部分项工程量清单与计价表　　　　　　　　　　　　表 5-8

序号	项目编码	项目名称	项目特征描述	计量单位	工程量	金额（元）		
						综合单价	合价	其中：暂估价
1	050201005001	嵌草砖铺装	绿地整理、挖土、双轮车运土300m、原土打夯、砾石垫层、换土、嵌草砖铺。草占35%	m²	900			

附录 C　园林工程

1. 计量规范附录 C 相关内容

C.1　堆塑假山。工程量清单项目设置、项目特征描述内容、计量单位、工程量计算规则应按表 C.1（表 5-9）的规定执行。

表 C.1 堆塑假山（编码：050301）　　　　表 5-9

项目编码	项目名称	项目特征	计量单位	工程量计算规则	工作内容
050301001	堆筑土山丘	1. 土丘高度 2. 土丘坡度要求 3. 土丘底外接矩形面积	m³	按设计图示山丘水平投影外接矩形面积乘以高度 1/3 的体积计算	1. 取土 2. 运土 3. 堆筑、夯实 4. 修整
050301002	堆砌石假山	1. 堆砌高度 2. 石料种类、单块重量 3. 混凝土强度等级 4. 砂浆强度等级、配合比	t	按设计图示尺寸以质量计算	1. 选料 2. 起重机搭、拆 3. 堆砌、修整
050301003	塑假山	1. 假山高度 2. 骨架材料种类、规格 3. 山皮料种类 4. 混凝土强度等级 5. 砂浆强度等级、配合比 6. 防护材料种类	m²	按设计图示尺寸以展开面积计算	1. 骨架制作 2. 假山胎模制作 3. 塑假山 4. 山皮料安装 5. 刷防护材料
050301004	石笋	1. 石笋高度 2. 石笋材料种类 3. 砂浆强度等级、配合比	支	以块（支、个）计量，按设计图示数量计算	1. 选石料 2. 石笋安装
050301005	点风景石	1. 石料种类 2. 石料规格、重量 3. 砂浆配合比	1. 块 2. t	以吨计量，按设计图示石料质量计算	1. 选石料 2. 起重架搭、拆 3. 点石
050301006	池、盆景置石	1. 底盘种类 2. 山石高度 3. 山石种类 4. 混凝土强度等级 5. 砂浆强度等级、配合比	1. 座 2. 个	以设计图示数量计算	1. 底盘制作、安装 2. 池、盆景山石安装、砌筑
050301007	山（卵）石护角	1. 石料种类、规格 2. 砂浆配合比	m³	按设计图示尺寸以体积计算	1. 石料加工 2. 砌石
050301008	山坡（卵）石台阶	1. 石料种类、规格 2. 台阶坡度 3. 砂浆强度等级	m²	按设计图示尺寸以水平投影面积计算	1. 选石料 2. 台阶砌筑

注：1. 假山（堆筑土山丘除外）工程的挖土方、回填土等应按附录 A 绿化工程相关项目编码列项。
　　2. 如遇某些构件使用钢筋混凝土或金属构件时，应按《房屋建筑与装饰工程计量规范》或《市政工程计量规范》相关项目编码列项。
　　3. 散铺河滩石按点风景石项目单独编码列项。
　　4. 堆筑土山丘，适用于夯填、堆筑而成。

C.2 原木、竹构件。工程量清单项目设置、项目特征描述内容、计量单位、工程量计算规则应按表C.2的规定执行。

表C.2 原木、竹构件（编码：050302）略

C.3 亭廊屋面。工程量清单项目设置、项目特征描述内容、计量单位、工程量计算规则应按表C.3的规定执行。

表C.3 亭廊屋面（编码：050303）略

C.4 花架。工程量清单项目设置、项目特征描述内容、计量单位、工程量计算规则应按表C.4的规定执行。

表C.4 花架（编码：050304）略

C.5 园林桌椅。工程量清单项目设置、项目特征描述内容、计量单位、工程量计算规则应按表C.5（表5-10）的规定执行。

表C.5 园林桌椅（编码：050305）　　　　表5-10

项目编码	项目名称	项目特征	计量单位	工程量计算规则	工作内容
050305001	木制飞来椅	1. 木材种类 2. 座凳面厚度、宽度 3. 靠背扶手截面 4. 靠背截面 5. 座凳楣子形状、尺寸 6. 铁件尺寸、厚度 7. 油漆品种、刷油遍数			1. 座凳面、靠背扶手、靠背、楣子制作、安装 2. 铁件安装 3. 刷油漆
050305002	预制钢筋混凝土飞来椅	1. 座凳面厚度、宽度 2. 靠背扶手截面 3. 靠背截面 4. 座凳楣子形状、尺寸 5. 混凝土强度等级 6. 砂浆配合比 7. 油漆品种刷油遍数	m	按设计图示尺寸以座凳面中心线长度计算	1. 构件安装 2. 砂浆制作、运输、抹面、养护 3. 接头灌缝、养护 4. 刷油漆
050305003	竹制飞来椅	1. 竹材种类 2. 座凳面厚度、宽度 3. 靠背扶手截面 4. 靠背截面 5. 座凳楣子形状 6. 铁件尺寸、厚度 7. 防护材料种类			1. 座凳面、靠背扶手、靠背、楣子制作、安装 2. 铁件安装 3. 刷防护材料
050305004	水磨石飞来椅	1. 座凳面厚度、宽度 2. 靠背扶手截面 3. 靠背截面 4. 座凳楣子形状、尺寸 5. 砂浆配合比			1. 砂浆制作、运输 2. 飞来椅制作 3. 飞来椅运输 4. 飞来椅安装

项目编码	项目名称	项目特征	计量单位	工程量计算规则	工作内容
050305005	现浇混凝土桌凳	1. 桌凳形状 2. 基础尺寸、埋设深度 3. 桌面尺寸、支墩高度 4. 凳面尺寸、支墩高度 5. 混凝土强度等级、砂浆配合比 6. 模板计量方式	个	按设计图示数量计算	1. 模板制作、运输、安装、拆除、保养 2. 混凝土制作、运输、浇筑、振捣、养护 3. 砂浆制作、运输
050305006	预制混凝土桌凳	1. 桌凳形状 2. 基础形状、尺寸、埋设深度 3. 桌面形状、尺寸、支墩高度 4. 凳面尺寸、支墩高度 5. 混凝土强度等级 6. 砂浆配合比			1. 桌凳制作、安装 2. 砂浆制作、运输 3. 接头灌缝、养护
050305007	石桌石凳	1. 石材种类 2. 基础形状、尺寸、埋设深度 3. 桌面形状、尺寸、支墩高度 4. 凳面尺寸、支墩高度 5. 混凝土强度等级 6. 砂浆配合比			1. 土方挖运 2. 桌凳制作 3. 砂浆制作、运输 4. 桌凳安装
050305008	水磨石桌凳	1. 基础形状、尺寸、埋设深度 2. 桌面形状、尺寸、支墩高度 3. 凳面尺寸、支墩高度 4. 混凝土强度等级 5. 砂浆配合比			1. 砂浆制作、运输 2. 桌凳制作 3. 桌凳运输 4. 桌凳安装
050305009	塑树根桌凳	1. 桌凳直径 2. 桌凳高度 3. 砖石种类 4. 砂浆强度等级、配合比 5. 颜料品种、颜色			1. 砂浆制作、运输 2. 砖石砌筑 3. 塑树皮 4. 绘制木纹
050305010	塑树节椅				
050305011	塑料、铁艺、金属椅	1. 木座板面截面 2. 座椅规格、颜色 3. 混凝土强度等级 4. 防护材料种类			1. 座椅制作 2. 座板安装 3. 刷防护材料

C.6 喷泉安装。工程量清单项目设置、项目特征描述内容、计量单位、工程量计算规则应按表 C.6 的规定执行。

表 C.6 喷泉安装（编码：050306）略

C.7 杂项。工程量清单项目设置、项目特征描述内容、计量单位、工程量计算规则应按表 C.7 的规定执行。

表 C.7 杂项（编码：050307）略

C.8 其他相关问题应按下列规定处理：

（1）现浇混凝土构件模板以"m³"计量，模板及支架工程不再单列，按混凝土及钢筋混凝土实体项目执行，综合单价中应包含模板及支架。

（2）现浇混凝土构件模板以"m²"计量，按模板与现浇混凝土构件的接触面积计算，按措施项目单列清单项目。

（3）编制现浇混凝土构件工程量清单时，应注明模板的计量方式，不得在同一个混凝土工程中的模板项目同时使用两种计量方式。

（4）现浇混凝土构件中的钢筋项目应按《房屋建筑与装饰工程计量规范》中相关项目编码列项。

（5）预制混凝土构件系按成品编制项目。

（6）石浮雕、石隽字应按《仿古建筑工程计量规范》附录 B 中相关项目编码列项。

2. 编制实例

【实例 5-3】 某植物园竹林旁边以石笋石作点缀，如 P56 图 4-4 所示，寓意出"雨后春笋"的观赏效果，其石笋石采用白果笋，具体布置造型尺寸如图，编制分部分项工程量清单表

解：1. 确定项目名称、项目编码，计算清单工程量

见工程量计算书见表 5-11。

工 程 量 计 算 书 表 5-11

序　号	项目名称	项目编码	计量单位	工程量	计算公式
1	石笋	050301004001	支	1	
2	石笋	050301004002	支	2	
3	石笋	050301004003	支	1	

2. 工程量清单表的编制

分部分项工程量清单表见表 5-12。

分部分项工程量清单与计价表 表 5-12

序号	项目编码	项目名称	项目特征描述	计量单位	工程量	金额（元）		
						综合单价	合价	其中：暂估价
1	050301004001	石笋	整理绿地、原土打夯，1.5m，石果笋，C20 混凝土，1:2.5 水泥砂浆安装	支	1			

序号	项目编码	项目名称	项目特征描述	计量单位	工程量	金额（元）		
						综合单价	合价	其中：暂估价
2	050301004002	石笋	整理绿地、原土打夯，2.2m，石果笋，C20混凝土，1：2.5水泥砂浆安装	支	2			
3	050301004003	石笋	整理绿地、原土打夯，3.2m，石果笋，C20混凝土，1：2.5水泥砂浆安装	支	1			

【实例 5-4】 某公园花坛旁边放有 10 套塑松树皮椅子供游人休息，如 P62 图 4-6 所示，椅子高 0.35m，直径为 0.4m，椅子内用砖砌筑，砌筑后先用水泥砂浆找平，再在外表用水泥砂浆粉饰出松树皮节外形。上表面水泥砂浆抹面。椅子下为 50 厚混凝土，150 厚 3：7 灰土垫层，编制工程量清单。

解：1. 确定项目名称、项目编码，计算清单工程量

见工程量计算书见表 5-13。

工 程 量 计 算 书　　　　　　　　　　表 5-13

序　号	项目名称	项目编码	计量单位	工程量	计算公式
1	塑树节椅	050305010001	个	80	8×10

2. 工程量清单表的编制

分部分项工程量清单表见表 5-14。

分部分项工程量清单与计价表　　　　　　　　　　表 5-14

序号	项目编码	项目名称	项目特征描述	计量单位	工程量	金额（元）		
						综合单价	合价	其中：暂估价
1	050305010001	塑树节椅装	挖土、双轮车运土 150m、3：7灰土、混凝土垫层、M5水泥砂浆、标准砖砌筑砖椅子。椅子表面塑松树皮、上表面水泥砂浆抹面	个	80			

三、措施项目清单表的编制

措施项目是指为完成工程项目施工，发生于该工程施工准备和施工过程中的技术、生活、安全、环境保护等方面的项目。

措施项目的列项：一般措施项目参照《房屋建筑与装饰工程计量规范》附录 Q.1；专业项目参照《园林绿化工程工程量计量规范》附录 D。

《房屋建筑与装饰工程计量规范》附录 Q.1 一般措施项目

Q.1 一般措施项目。

工程量清单项目设置、计量单位、工作内容及保含范围应按表 Q.1（表 5-15）的规定执行。

表 Q.1 一般措施项目（011701）　　　　　　　　　　表 5-15

项目编码	项 目 名 称	工作内容及保含范围
011701001	安全文明施工（含环境保护、文明施工、安全施工、临时设施）	略
011701002	夜间施工照明	略
011701003	非夜间施工照明	略
01170104	二次搬运	略
011701005	冬雨季施工	略
011701006	大型机械设备进出场及安拆	略
011701007	施工排水	略
011701008	施工降水	略
011701009	地上、地下设施、建筑物的临时保护设施	略
0117010010	已完工程及设备保护	略

注：安全文明施工费是指工程施工期间按照国家现行的环境保护、建筑施工安全、施工现场环境与卫生标准和有关规定，购置和更新施工安全防护用具及设施、改善安全生产条件和作业环境所需要的费用。

《园林绿化工程工程量计量规范》附录 D 措施项目

1. D.1　脚手架工程

工程量清单项目设置、项目特征描述内容、计量单位、工程量计算规则应按表 D.1 的规定执行。

表 D.1 脚手架工程（编码：050401）略

D.2　模板工程

工程量清单项目设置、项目特征描述内容、计量单位、工程量计算规则应按表 D.1 的规定执行。

表 D.2 模板工程（编码：050402）略

D.3　垂直运输机械

工程量清单项目设置、项目特征描述内容、计量单位、工程量计算规则应按表 D.1 的规定执行。

表 D.3 垂直运输机械（编码：050403）略

D.4　树木支撑架、草绳绕树干、搭设遮荫（防寒）棚工程、反季节栽植影响措施

工程量清单项目设置、项目特征描述内容、计量单位、工程量计算规则应按表 D.4

（表 5-16）的规定执行。

表 D.4 树木支撑架、草绳绕树干、搭设遮荫（防寒）棚工程（编码：050404）

right表 5-16

项目编码	项目名称	项目特征	计量单位	工程量计算股则	工作内容
050404001	树木支撑架	1. 支撑类型、型材 2. 支撑材料规格 3. 单株支撑材料数量	株	按设计图示数量计算	1. 制作 2. 运输 3. 安装 4. 维护
050404002	草绳绕树干	1. 胸径（干径） 2. 草绳所绕树干高度			1. 搬运 2. 饶杆 3. 余料清理 4. 养护期后清除
050404003	搭设遮荫（防寒）棚	1. 搭设高度 2. 搭设材料种类、规格	m²	按遮荫（防寒）棚外围覆盖层的展开尺寸以面积计算	1. 制作 2. 运输 3. 搭设、维护 4. 养护期后清除
050404004	反季节栽植影响措施	1. 措施名称 2. 材料种类、规格	项	按措施项目数量计算	1. 制作 2. 运输 3. 实施、维护 4. 清理

D.5 围堰、排水工程

工程量清单项目设置、项目特征描述内容、计量单位、工程量计算规则应按表 D.1 的规定执行。

表 D.5 围堰、排水工程（编码：050405）略

D.6 绿化工程保存养护

工程量清单项目设置、项目特征描述内容、计量单位、工程量计算规则应按表 D.6（表 5-17）的规定执行。

表 D.6 绿化工程保存养护（编码：050406）   表 5-17

项目编码	项目名称	项目特征	计量单位	工程量计算规则	工作内容
050406001	乔木	胸径	株	按数量计算	1. 松耕施肥、整理除草、修剪剥芽 2. 防病除害 3. 树桩绑扎、加土扶正、清除枯枝、环境清理、灌溉排水等
050406002	灌木	丛高			
050406003	绿篱	生长高度	1. m 2. m²	1. 以米计量，按长度计算 2. 以平方米计量，按养护面积计算	
050406004	竹	竹高度	株（丛）	按数量计算	

项目编码	项目名称	项目特征	计量单位	工程量计算规则	工作内容
050406005	植物花卉	1. 植物蓬径 2. 植物高度 3. 生长年数	1. 株 2. m²	1. 以株计算，按数量计算 2. 以平方米计算，按养护面积计算	1. 淋水、开窝、培土、除草 2. 杀虫、施肥 3. 修剪剥芽、扶正、清理
050406006	草坪	1. 草坪功能 2. 植草高度	m²	按养护面积计算	整地镇压、钌草修边、草槲清除、挑除杂草、空秃补植
050406007	水体护理	护理内容	m²	按护理的水域面积计算	1. 清理水面杂物 2. 清除水底沉淀物

措施项目清单的编制需要考虑多种因素，除工程本身的因素以外，还涉及水文、气象、环境、安全等因素。若出现本规范未列的项目，可根据工程实际情况补充。

2. 编制实例

【实例5-5】 某园林工程施工时，正值冬雨期，对建筑物设施临时保护，使用树棍三脚桩支撑乔木，计150株，编制其措施项目清单。

解：见表5-18、表5-19。

措施项目清单与计价表（一） 表5-18

序　号	项目编码	项目名称	计算基础	费率	金额
1	011701005001	冬雨季施工增加费	分部分项工程费		
2	011701009001	建筑物设施临时保护费	分部分项工程费		

措施项目清单与计价表（二） 表5-19

序号	项目编码	项目名称	项目特征描述	计量单位	工程量	金额（元）		
						综合单价	合价	其中：暂估价
1	050404001001	树木支撑架	树棍三脚桩	10株	15			

四、其他项目清单表的编制

其他项目：对工程中可能发生或必然发生，但价格或工程量不能确定的项目费用的列支。

其他项目清单列项内容：①暂列金额；②暂估价；③计日工；④总承包服务费。

这四项仅是参考，其不足部分，可根据工程的具体情况进行补充。如在竣工结算中，就将索赔、现场签证列入其他项目中。

五、规费、税金清单表的编制

1. 规费是按国家有权部门规定标准必须缴纳的费用。规费内容各地规定不完全一样。目前××省规费的内容有①工程排污费；②社会保障费；③住房公积金。

规费项目清单列项：规费。

2. 税金是依据国家税法规定应计入园林工程计价内，由承包人负责缴纳的营业税、城市维护建设税以及教育费附加的总称。

税金项目清单列项：税金。

六、总说明的撰写

总说明内容见表5-20。

总　说　明　　　　　　　　　　　　　　　表 5-20

一、工程概况
二、工程招标和分包范围
三、工程量清单编制依据
四、工程质量、材料、施工等的特殊要求
五、其他需要说明的问题

七、封面的填写

封面应按规定的内容填写、签字、盖章。造价员编制的工程量清单应有负责审核的造价工程师签字、盖章。

单元四　工程量清单计价文件的编制

一、概述

(一) 术语释解

1. 工程量清单计价：

假设工程招、投标中，按照《园林绿化工程工程量计量规范》有关规定，由招标人提供工程数量，招标人或投标人按照《建设工程工程量清单计价规范》《园林工程预算定额》《园林工程计价表》）或《园林企业定额》、《费用定额》、施工组织设计、省市有关文件等有关规定，招标人或投标人做出标价或报价的工程造价计价模式。

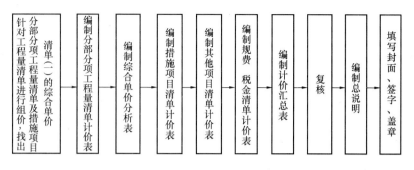

图 5-4　工程量清单计价编制程序图

2. 综合单价：完成一个规定计量单位的分部分项工程和措施项目所需的人工费、材料和机械台班、企业管理费、利润以及一定范围内的风险费用。

3. 企业定额：施工企业根据本企业的施工技术和管理水平而编制的人工、材料和机械台班等的消耗标准。

4. 招标控制价：招标人根据国家或省级、行业建设主管部门颁发的有关计价依据和办法，以及拟定的招标文件和招标工程量清单，编制的招标工程的最高限价。

5. 投标价：投标人投标时报出的工程合同价。

（二）工程量清单计价编制的依据

工程量清单计价应根据下列依据进行编制

1.《园林绿化工程工程量计量规范》《建设工程工程量清单计价规范》。

2. 国家或省级、行业建设主管部门颁发的计价办法。

3. 企业定额，国家或省级、行业建设主管部门颁发的计价定额。

4. 招标文件、工程量清单及其补充通知、答疑纪要。

5. 园林工程设计文件及相关资料。

6. 施工现场情况、工程特点及拟定的投标施工组织设计或施工方案。

7. 与建设项目相关的标准、规范等技术资料。

8. 市场价格信息或工程造价管理机构发布的工程造价信息。

9. 其他的相关资料。

（三）工程量清单计价编制的内容

工程量清单计价文件由下列内容组成：封面，总说明，投标报价汇总表，分部分项工程量清单计价表，措施项目清单计价表，其他项目清单计价表，规费、税金项目清单计价表，工程量清单综合单价分析表。

（四）工程量清单计价编制步骤

工程量清单计价应按下列步骤进行编制：编制程序见图 5-4。

1. 针对工程量清单进行组价：计算出组价的工程量，并进行组价，计算出清单的综合单价（工程量清单综合单价分析表）。

2. 编制分部分项工程量清单计价表。

3. 编制编制综合单价分析表。

4. 编制措施项目清单计价表。

5. 编制其他项目清单计价表。

6. 编制规费、税金项目清单计价表。

7. 编制计价汇总表。

8. 复核。

9. 填写总说明。

10. 填写封面，装订。

（五）工程量清单计价编制一般规定

1. 采用工程量清单计价，园林工程造价由分部分项工程费、措施项目费、其他项目费、规费和税金组成。

2. 分部分项工程量清单应采用综合单价计价。

"综合单价"是相对于工程量清单计价而言，对完成一个规定计量单位的分部分项工程量清单项目或措施清单项目所需的人工费、材料费、施工机械使用费、企业管理费、利润以及包含一定范围风险因素的价格表示。

（1）使用的计价标准、计价政策应是国家或省级、行业建设主管部门颁布的计价定额和相关政策规定；

（2）采用的材料价格应是工程造价管理机构通过工程造价信息发布的材料单价，工程造价信息未发布材料单价的材料，其材料价格应通过市场调查确定。

3. 工程量清单标明的工程量是清单计价的基础。

4. 措施项目清单计价应根据拟建工程的施工组织设计按项计算或采用综合单价计价。

5. 措施项目清单中的安全文明施工费应按照国家或省级、行业建设主管部门的规定计价，不得作为竞争性费用。

6. 其他项目清单应根据工程特点和规范的规定计价。

7. 工程量清单中提供了暂估价的材料和专业工程属于依法必须招标的，由承包人和招标人共同通过招标确定材料单价与专业工程分包价。

若材料不属于依法必须招标的，经发、承包双方协商确认单价后计价。

若专业工程不属于依法必须招标的，由发包人、总承包人与分包人按有关计价依据进行计价。

8. 规费和税金应按国家或省级、行业建设主管部门的规定计算。

二、分部分项工程量清单计价表的编制

（一）投标人对分部分项工程费中的综合单价的确定依据和原则

1. 工程量的确定，依据分部分项工程量清单中的工程量。

2. 综合单价的组成内容应符合规范的规定。

3. 招标文件中提供了暂估单价的材料，应按暂估的单价计入综合单价。

4. 综合单价中应考虑招标文件中要求投标人承担的风险内容及其范围（幅度）产生的风险费用。在施工过程中，当出现的风险内容及其范围（幅度）在合同约定的范围内时，工程价款不做调整。

实行工程量清单招标，招标人在招标文件中提供工程量清单，其目的是使各投标人在投标报价中具有共同的竞争平台。因此要求投标人在投标报价中填写的工程量清单的项目编码、项目名称、项目特征、计量单位、工程数量必须与招标人招标文件中提供的一致。

（二）综合单价的组价

分部分项工程费综合单价的组成内容，按分部分项工程量清单项目的特征描述确定综合单价。

综合单价中应考虑招标文件中要求投标人承担的风险费用。

招标文件中提供了暂估单价的材料，按暂估的单价计入综合单价。

招标人应在招标文件中或在签订合同时，载明投标人应该考虑的风险内容及其风险范围或风险幅度。

风险是一种客观存在的、会带来损失的、不确定的状态。它具有客观性、损失性、不确定性的特点，并且风险始终是与损失相联系的。工程施工发包是一种期货交易行为，工程建设本身又具有单件性和建设周期长的特点。在工程施工过程中影响工程施工及工程造价的风险因素很多，但并非所有的风险都是承包人能预测、能控制和应承担其造成损失的。基于市场交易的公平性和工程施工过程中发、承包双方权、责的对等性要求，发、承包双方应合理分摊风险，所以要求招标人在招标文件中或在合同中禁止采用无限风险、所有风险或类似语句规定投标人应承担的风险内容及其风险范围或风险幅度。

采用工程量清单计价的工程，应在招标文件或合同中明确风险内容及其范围（幅度），不得采用无限风险、所有风险或类似语句规定风险内容及其范围（幅度）。

（三）编制实例

【实例 5-6】　题同【实例 5-1】，若人工 58 元/工日；三类工程；基肥 20 元/kg，种植土 30 元/m^3；小叶女贞每株 3.5 元；合欢 450 元/株；广玉兰 42 元/株；樱花 50 元/株；红叶李 150 元/株；丁香 25 元/株；散铺草皮 5 元/m^2，编制分部分项工程量清单计价表。

解：1. 针对清单项目进行组价，计算组价的工程量。

工程量计算书见表 5-21。

工 程 量 计 算 书　　　　　　　　　　　　表 5-21

序号	清单项目名称	组价子目名称	单位	工程量	计算公式
1	人工整理绿化地		m^2	1500	
①		人工整理绿化地	m^2	1500	100×15
2	栽植绿篱（小叶女贞）		m	30	
①		栽植绿篱（小叶女贞）	m	30	15×2

序号	清单项目名称	组价子目名称	单位	工程量	计算公式
3	栽植乔木（和欢）		株	22	
①		栽植乔木（和欢）	株	22	
4	栽植乔木（广玉兰）		株	4	
①		栽植乔木（广玉兰）	株	4	
5	栽植乔木（樱花）		株	2	
①		栽植乔木（樱花）	株	2	
6	栽植乔木（红叶李）		株	3	
①		栽植乔木（红叶李）	株	3	
7	栽植灌木（丁香）		株	6	
①		栽植灌木（丁香）	株	6	
8	铺种草皮		m²	1440	
①		铺种草皮	m²	1440	100×15－15×2×2
②					

2. 组价过程，计算清单综合单价。清单组价见表 5-22。

清　单　组　价　表　　　　　　　　　　表 5-22

清　单　项　目				清单所含组项					
项目名称	计量单位	清单数量	清单综单价（元）	计价编号	计价表项目名称	计量单位	工程量	综合单价（元）	合价（元）
A	B	C	D=∑J÷C	E	F	G	H	I	J=∑HI
人工整理绿化地	m²	1500	5785.5/1500 =3.86	3-267 换	人工整理绿化地	10m²	150	38.57	5785.50
栽植绿篱（小叶女贞）	m	30	31.6	3-164 换	栽植绿篱（小叶女贞）	10m	3	316.00	948.00
栽植乔木（和欢）	株	22	1675.51	3-131 换	栽植乔木（和欢）	10株	2.2	16755.05	36861.11
栽植乔木（广玉兰）	株	4	46.53	3-101 换	栽植乔木（广玉兰）	10株	0.4	465.29	186.12
栽植乔木（樱花）	株	2	73.94	3-103 换	栽植乔木（樱花）	10株	0.2	739.33	147.87
栽植乔木（红叶李）	株	3	225.80	3-106 换	栽植乔木（红叶李）	10株	0.3	2257.98	677.39
栽植灌木（丁香）	株	6	26.63	3-137 换	栽植灌木（丁香）	10株	0.6	266.29	159.77
铺种草皮	m²	1440	6.84	3-209 换	铺种草皮	10m²	144	68.40	9849.60

3. 编制工程量清单计价表。分部分项工程量清单表见表 5-23。

分部分项工程量清单与计价表　　　　　　　表 5-23

序号	项目编码	项目名称	项目特征描述	计量单位	工程量	金额（元）		
						综合单价	合价	其中：暂估价
1	050101010001	人工整理绿化地	就地找平	m²	1500	3.86	5790.00	
2	050102005001	栽植绿篱（小叶女贞）	小叶女贞、高60cm、每米3棵	m	30	31.6	948	
3	050102001001	栽植乔木（和欢）	和欢、胸径40cm	株	22	1675.51	36861.22	
4	050102001002	栽植乔木（广玉兰）	广玉兰土球直径30cm	株	4	46.53	185.20	
5	050102001003	栽植乔木（樱花）	樱花土球直径30cm	株	2	73.94	147.88	
6	050102001004	栽植乔木（红叶李）	红叶李土球直径20cm	株	3	225.80	677.40	
7	050102004001	栽植灌木（丁香）	丁香土球直径60cm	株	6	26.63	159.78	
8	050102012001	铺种草皮	冷季型，散铺	m²	1440	6.84	9849.60	
							54619.08	

【**实例 5-7**】　题同【实例 5-2】，若人工 60 元/工日、砾石 45 元/m³，山砂 40 元/m²、预制混凝土道板 650 元/m²、草皮 5.0 元/m²、基肥 20 元/kg、种植土 30 元/m³，编制分部分项工程量清单计价表。

解：1. 针对清单项目进行组价，计算组价的工程量。工程量计算书见表 5-24。

工 程 量 计 算 书　　　　　　　表 5-24

序号	清单项目名称	组价子目名称	单位	工程量	计算公式
1	嵌草砖铺		m²	900	
①		平整场地	m²	1216	（60＋42）×（15＋42）＝
②		挖土方	m³	408.38	（60＋0.05×2）×（15＋0.05×2）×（0.25＋0.2）＝
③		双轮车运土200m	m³	408.38	
④		原土夯实	m²	907.51	（60＋0.05×2）×（15＋0.05×2）
⑤		砾石	m³	226.88	907.51×0.25＝
⑥		嵌草砖铺装	m²	900	60×15＝
⑦		方格内填土	m³	63	60×15×35%×0.2＝
⑧		镶草	m²	900	60×15＝

2. 组价过程，计算清单综合单价。

清单组价见表 5-25。

清 单 组 价 表 表 5-25

清 单 项 目				清单所含组项					
项目名称	计量单位	清单数量	清单综单价（元）	计价编号	计价表项目名称	计量单位	工程量	综合单价	合价
A	B	C	D=∑J÷C	E	F	G	H	I	J=∑HI
嵌草砖铺	m²	900	203440.95/900 =226.05	1-121 换	平整场地	10m²	121.6	50.04	6084.86
				1-3 换	挖土方	m³	408.38	27.21	11112.02
				1-91 换	双轮车运土 200m	m³	408.38	32.48	13264.18
				1-122 换	原土夯实	10m²	90.751	9.93	901.16
				3-495 换	砾石	m³	226.88	133.70	30333.86
				3-500 换	嵌草砖铺装	10m²	90	1495.33	134579.70
				3-296	方格内填土	m³	63	33.99	2141.37
				3-211 换	镶草	10m²	90	55.82	5023.80
					小计				203440.95

3. 编制工程量清单计价表

分部分项工程量清单表如表 5-26 所示。

分部分项工程量清单与计价表 表 5-26

序号	项目编码	项目名称	项目特征描述	计量单位	工程量	金额（元）		
						综合单价	合价	其中：暂估价
1	050201004001	嵌草砖铺装	绿地整理、挖土、双轮车运土 300m、原土打夯、砾石垫层、换土、嵌草砖铺。草占 35%	m²	900	226.05	203445.00	

【实例 5-8】 题同【实例 5-3】，人工 60 元/工日、1.5m 高白果笋 95 元、2.2m 高白果笋 145 元、3.2m 高白果笋 260 元、黄石 140 元/吨、三类工程，编制分部分项工程量清单计价表。

解：1. 针对清单项目进行组价，计算组价的工程量。

工程量计算书见表 5-27。

工 程 量 计 算 书 表 5-27

序号	清单项目名称	组价子目名称	单位	工程量	计算公式
1	石笋		支	1	
①		绿地整理	m²	2.34	3.6×2.6/4=
②		原土打底夯	m²	2.34	
③		石笋安装	块	1	
2	石笋		支	2	

序号	清单项目名称	组价子目名称	单位	工程量	计算公式
①		平整场地绿地整理	m²	4.68	3.6×2.6/2=
②		原土打底夯	m²	4.68	
③		石笋安装	块	2	
3	石笋		支	1	
①		平整场地绿地整理	m²	2.34	3.6×2.6/4=
②		原土打底夯	m²	2.34	
③		石笋安装	块	1	

2. 组价过程，计算清单综合单价。

清单组价如表 5-28 所示。

清单组价表 表 5-28

清单项目				清单所含组项					
项目名称	计量单位	清单数量	清单综合单价（元）	计价编号	计价表项目名称	计量单位	工程量	综合单价	合价
A	B	C	D=∑J÷C	E	F	G	H	I	J=∑HI
石笋	块	1	297.78/1=297.78	3-267 换	绿地整理	10m²	0.234	39.90	9.34
				1-122 换	原土打底夯	10m²	0.234	9.93	2.32
				3-474 换	石笋安装	块	1	286.12	286.12
					小计				297.78
石笋	块	2	447.66	3-267 换	绿地整理	10m²	0.468	39.90	18.67
				1-122 换	原土打底夯	10m²	0.468	9.93	4.65
				3-475 换	石笋安装	块	2	436.00	872
					小计				895.32
石笋	块	1	781.96	3-267 换	绿地整理	10m²	0.234	39.90	9.34
				1-122 换	原土打底夯	10m²	0.234	9.93	2.32
				3-476 换	石笋安装	块	1	770.30	770.30
					小计				781.96

3. 编制工程量清单计价表

分部分项工程量清单表见表 5-29。

分部分项工程量清单与计价表 表 5-29

序号	项目编码	项目名称	项目特征描述	计量单位	工程量	金额（元）		
						综合单价	合价	其中暂估价
1	050301004001	石笋	整理绿地、原土打夯，1.5m，石果笋，C20 混凝土，1:2.5 水泥砂浆安装。	块	1	297.78	297.78	

序号	项目编码	项目名称	项目特征描述	计量单位	工程量	金额（元）		其中：暂估价
						综合单价	合价	
2	050301004002	石笋	整理绿地、原土打夯，2.2M，石果笋，C20 混凝土，1∶2.5 水泥砂浆安装。	块	2	447.66	895.32	
3	050301004003	石笋	整理绿地、原土打夯，3.2M，石果笋，C20 混凝土，1∶2.5 水泥砂浆安装。	块	1	781.96	781.96	
		小计					1975.06	

【实例 5-9】 题同【实例 5-4】，若双轮车运土 150m；人工 58 元/工；材差不调；三类工程，编制工程量清单计价表。

解： 1. 针对清单项目进行组价，计算组价的工程量。

工程量计算书见表 5-30。

工 程 量 计 算 书 表 5-30

序号	清单项目名称	组价子目名称	单位	工程量	计算公式
1	塑树节椅子		个	80	
①		挖土方	m³	3.14	$3.142\times(0.4/2+0.05)^2\times(0.15+005)\times8\times10$
②		双轮车运土 150m	m³	3.14	
③		3∶7 灰土垫层	m³	2.36	$3.142\times(0.4/2+0.05)^2\times0.15\times8\times10$
④		混凝土垫层	m³	0.78	$3.142\times(0.4/2+0.05)^2\times0.05\times8\times10$
⑤		砖椅子	m³	3.52	$3.142\times(0.4/2)^2\times0.35\times8\times10$
⑥		椅子表面塑松树皮	m²	35.19	$3.142\times(0.4/2)^2\times8\times10$
⑦		水泥砂浆抹面	m²	10.05	$3.142\times(0.4/2)\times(0.4/2)\times(0.15+0.05)\times8\times10$

2. 组价过程，计算清单综合单价。

清单组价见表 5-31。

清 单 组 价 表 表 5-31

清单项目				清单所含组项					
项目名称	计量单位	清单数量	清单综单价（元）	计价编号	计价表项目名称	计量单位	工程量	综合单价（元）	合价（元）
A	B	C	D＝∑J÷C	E	F	G	H	I	J＝∑HI
塑树节椅子	个	80	7779.29/80 ＝97.24	1-54 换	挖土方	m³	3.14	45.82	143.87
				1-91 换	双轮车运土 150m	m³	3.14	22.24	69.83
				3-493 换	3∶7 灰土垫层	m³	2.36	143.71	339.16

清单项目				清单所含组项					
项目名称	计量单位	清单数量	清单综单价（元）	计价编号	计价表项目名称	计量单位	工程量	综合单价（元）	合价（元）
A	B	C	D=∑J÷C	E	F	G	H	I	J=∑HI
塑树节椅子	个	80	7428.73/80 =92.86	3-496 换	混凝土垫层	m³	0.78	310.30	242.03
				1-590 换	砖椅子	m³	3.52	688.06	2421.97
				3-541 换	椅子表面塑松树皮	10m²	3.519	1096.16	3857.39
				1-846 换	水泥砂浆抹面	10m²	1.005	352.72	354.48
					小计				7428.73

3. 编制工程量清单计价表

分部分项工程量清单表见表 5-32。

分部分项工程量清单与计价表　　　　　　　　表 5-32

序号	项目编码	项目名称	项目特征描述	计量单位	工程量	金额（元）		
						综合单价	合价	其中：暂估价
1	0503050108001	塑树节椅子	挖土、双轮车运土 150m、3：7 灰土、混凝土垫层、M5 水泥砂浆、标准砖砌筑砖椅子。椅子表面塑松树皮、上表面水泥砂浆抹面	个	80	92.86	7428.80	

三、措施项目清单计价表的编制

措施项目的内容应依据招标人提供的措施项目清单和投标人投标时拟定的施工组织设计或施工方案。

不能计算工程量的措施项目按分部分项工程费×费率；

规定可以计算工程量的措施项目宜采用综合单价计价。

编制实例

【实例 5-10】　题同【实例 5-5】若分部分项工程费计 6500000 元、费率按高线，三类工程，若人工 58 元/工日，材料不调整，编制措施项目清单计价表。

解：见表 5-33、表 5-34。

措施项目工程量清单与计价表（一）　　　　　　　　表 5-33

序号	项目编码	项目名称	项目特征描述	计量单位	工程量	综合单价	合价	其中：暂估价
						金额（元）		
1	050404001001	树木支撑架	树棍三脚桩	株	150	14.42	2163.00	

措施项目工程量清单与计价表（二）　　　　　　　　表 5-34

序号	项目编码	项目名称	计算基础	费率	金额
1	011701005001	冬雨季施工增加费	6500000	0.2%	13000
2	011701009001	建筑物设施临时保护费	6500000	0.7%	45500
		小计			58500

四、工程量清单综合单价分析表的填写

【实例 5-11】题【实例 5-6】　人工整理绿化地综合单价分析表填写。见表 5-35。

工程量清单综合单价分析表　　　　　　　　表 5-35

项目编码	0501010001	项目名称		人工整理绿化地		计量单位			m²

清单综合单价组成明细

定额编号	定额名称	定额单位	数量	单价				合价			
				人工费	材料费	机械费	管理费和利润	人工费	材料费	机械费	管理费和利润
3-267换	整理绿化地	10m²	150	29			9.57	4350			1435.5
人工单价		小计						4350			1435.5
58元/工日		未计价材料费									
清单项目综合单价											

材料费明细	主要材料名称、规格、型号	单位	数量	单价（元）	合价（元）	暂估单价（元）	暂估合价（元）
	其他材料费			—		—	
	材料费小计			—		—	

【实例 5-12】题【实例 5-8】　石笋安装综合单价分析表填写。见表 5-36。

| 项目编码 | 050301004001 | 项目名称 | | 石笋 | | 计量单位 | | 支 |

清单综合单价组成明细

定额编号	定额名称	定额单位	数量	单价				合价			
				人工费	材料费	机械费	管理费和利润	人工费	材料费	机械费	管理费和利润
3-267 换	绿地整理	10m²	0.234	30			9.9	7.02			2.32
1-122 换	原土打底夯	10m²	0.234	6.6		1.16	2.17	1.54		0.27	0.51
3-474 换	石笋安装	块	1	79.20	206.20	2.58	26.14	79.20	206.20	2.58	26.14
人工单价		小计						87.76	206.20	2.85	28.97
60 元/工日		未计价材料费									
清单项目综合单价											

材料费明细	主要材料名称、规格、型号	单位	数量	单价（元）	合价（元）	暂估单价（元）	暂估合价（元）
	石笋 2m 以内	块			80.00		
	湖石	t			60.00		
	C20 混凝土 16mm32.5				5.96		
	水泥砂浆 1：2.5				3.31		
	水				0.33		
	其他材料费			—	13.60	—	
	材料费小计			—	163.20		

五、其他项目清单计价表的编制

其他项目清单应根据工程特点和下列规定报价：

1. 暂列金额应按招标人在其他项目清单中列出的金额填写。

2. 材料暂估价应按招标人在其他项目清单中列出的单价计入综合单价；专业工程暂估价应按招标人在其他项目清单中列出的金额填写。

3. 计日工按招标人在其他项目清单中列出的项目和数量，自主确定综合单价并计算计日工费用。

4. 总承包服务费根据招标文件中列出的内容和提出的要求自主确定。

六、规费、税金清单计价表的编制

规费和税金的计取标准是依据有关法律、法规和政策规定指定的，具有强制性。因此，投标人在投标报价时必须按照国家或省级、行业建设主管部门的有关规定计算规费和税金。

七、计价汇总表的填写

计价汇总表包括分部分项工程清单费、措施项目清单费、其他项目清单费和规费、税金清单费。

分部分项工程清单费、措施项目清单费、其他项目清单费和规费、税金清单费的合计金额与计价表格中的金额应一致。

八、总说明的撰写

撰写的内容：①工程概况；②计价的范围；③计价的编制依据。

九、封面的填写

封面应按规定的内容填写、签字、盖章，除承包人自行编制的投标报价外，受委托编制的投标报价为造价员编制的，应有负责审核的造价工程师签字、盖章以及工程咨询人盖章。

十、其他注意事项

1. 工程量清单与计价表中列明的所有需要填写的单价和合价，投标人均应填写，未填写单价和合价，视为此项费用已包含在工程量清单的其他单价和合价中。

2. 投标人应按照招标文件的要求，附工程量清单综合单价分析表。

小　　结

本项目分四部分，首先由课程导论导入了工程量清单计价的实施背景、计价的框架模式、特点及使用范围。介绍了制定《园林绿化工程工程量计量规范》的目的、适用范围、主要内容、附录构成、与其他标准的关系、项目的划分及与现行"预算定额"的区别；然后通过典型实例重点介绍了工程量清单的编制及清单计价文件的编制过程。本部分内容翔实、步骤清晰、重点突出、注重理论与实际的结合。是教学中的重点，也是学习中的难点。

实例结合实训、边学边练，使学生加强、巩固所学的知识。

思　考　题

1. 谈谈工程量清单计价框架模式。
2. 工程量清单计价的特点有哪些?

3. 工程量清单计价的适用范围有哪些?

4. 谈谈《园林绿化工程工程量计量规范》的主要内容。

5. 谈谈《建设工程工程量清单计价规范》的主要内容。

6. 谈谈《园林绿化工程计量规范》项目的划分及与现行"园林绿化预算定额"的区别。

7. 什么是工程量清单? 工程量清单编制的依据有哪些? 一份工程量清单文件应包括哪些内容?

8. 解释招标工程量清单;已标价工程量清单含义。

9. 谈谈工程量清单编制步骤。

10. 构成一个分部分项工程量清单的五个要件是什么? 工程量清单项目编码的设置有什么要求?

11. 谈谈工程量清单项目特征描述的重要意义。

12. 什么是工程量清单计价? 工程量清单计价编制的依据有哪些?

13. 解释综合单价、企业定额招标控制价、投标价含义。

14. 一份工程量清单计价文件包括哪些内容?

15. 谈谈工程量清单计价文件的编制步骤。

单 项 实 训 五

【实训 5-1】 某长方形绿化区(50m×70m)内种有乔木、灌木和花卉等各种绿化植物。如 P67 图 4-7 所示。悬铃木,胸径 20cm 内、国槐胸径 12cm 内、月桂胸径 20cm 内、广玉兰胸径 10cm 内、黄杨球高冠幅 100cm 内、榆叶梅冠幅 50cm 内,月季占地分别为 1、1、2m² 。乔木、灌木、花卉不考虑养护。人工整理绿化地 3500m²,绿化地上满铺草皮,编制分部分项工程量清单。

解:1. 确定项目名称、项目编码,计算清单工程量(表 5-37)

工 程 量 计 算 书　　　　　　　　　　表 5-37

序号	项目名称	项目编码	计量单位	工程量	计算公式

2. 工程量清单表的编制(表 5-38)

分部分项工程量清单与计价表　　　　　　　　　　　　　表 5-38

序号	项目编码	项目名称	项目特征描述	计量单位	工程量	金额（元）		
						综合单价	合价	其中：暂估价

【**实训 5-2**】　某小区花园用 100 厚预制混凝土空心砖铺装地面，砖内填土种草，施工如 P71 图 4-9 所示，编制分部分项工程量清单。

　　解：1. 确定项目名称、项目编码，计算清单工程量（表 5-39）

工 程 量 计 算 书　　　　　　　　　　　　　表 5-39

序号	项目名称	项目编码	计量单位	工程量	计算公式

　　2. 工程量清单表的编制（表 5-40）

分部分项工程量清单与计价表　　　　　　　　　　　　　表 5-40

序号	项目编码	项目名称	项目特征描述	计量单位	工程量	金额（元）		
						综合单价	合价	其中：暂估价

【**实训 5-3**】　现有一人造假山（坐落于地面上），置于一定的位置来点缀风景，具体造型尺寸如 P69 图 4-8 所示，石材为太湖石，石块间用水泥砂浆勾缝堆砌，进料验收数量12t，进料剩余量 1.5t，编制分部分项工程量清单。

　　解：1. 确定项目名称、项目编码，计算清单工程量（表 5-41）

工 程 量 计 算 书　　　　　　　　　　　　　表 5-41

序号	项目名称	项目编码	计量单位	工程量	计算公式

　　2. 工程量清单表的编制（表 5-42）

分部分项工程量清单与计价表　　　　　　　表 5-42

序号	项目编码	项目名称	项目特征描述	计量单位	工程量	金额（元）		
						综合单价	合价	其中：暂估价

【实训 5-4】 一游园中有一凉亭，如 P73 图 4-10 所示，柱、梁为现浇混凝土的，柱高 3.5m，截面半径为 0.2m，共 4 根，埋入地下 0.5m，梁长 2m，截面半径为 0.1m，共 4 根，水泥砂浆找平，塑竹节，刷乳胶漆 3 遍，原木屋面制作用直径 9cm、长 6m 木材，共用 16 根，树皮屋面共 6m²，亭子砖砌台子（长 3m，宽 3m），高出地面 0.3m，台子表面抹水泥砂浆，砖台下 50 厚混凝土、100 厚粗砂、120 厚 3：7 灰土垫层、素土夯实，双轮车运土 100m，编制分部分项工程量清单。

解：1. 确定项目名称、项目编码，计算清单工程量（表 5-43）

工 程 量 计 算 书　　　　　　　表 5-43

序号	项目名称	项目编码	计量单位	工程量	计算公式

2. 工程量清单表的编制（表 5-44）

分部分项工程量清单与计价表　　　　　　　表 5-44

序号	项目编码	项目名称	项目特征描述	计量单位	工程量	金额（元）		
						综合单价	合价	其中：暂估价

【实训 5-5】 某园林工程，共 300 株，搭设遮荫棚 500m²，还计算现场安全文明施工、

临时设施费。编制措施项目清单表（三类工程，人工 60 元/材料不调整）。

解： 见表 5-45、表 5-46。

措施项目清单与计价表（二） 表 5-45

序号	项目编码	项目名称	计算基础	费率	金额

措施项目清单与计价表 表 5-46

序号	项目编码	项目名称	项目特征描述	计量单位	工程量	综合单价	合价	其中：暂估价

【实训 5-6】 题同【实训 5-1】，若合同人工 58 元/工日、悬铃木 45 元/株、国槐 35 元/株、月桂 30 元/株、广玉兰 25 元/株、黄杨球 22 元/株、榆叶梅 15 元/株，月季 4 元/株，编制分部分项工程量清单计价表。

解： 1. 针对清单项目进行组价，计算组价的工程量（表 5-47）。

工程量计算书 表 5-47

序号	清单项目名称	组价子目名称	单位	工程量	计算公式

2. 组价过程，计算清单综合单价（表5-48）。

清　单　组　价　表

表 5-48

清单项目				清单所含组项					
项目名称	计量单位	清单数量	清单综单价（元）	计价编号	计价表项目名称	计量单位	工程量	综合单价（元）	合价（元）
A	B	C	D=ΣJ÷C	E	F	G	H	I	J=ΣHI

3. 编制工程量清单计价表（表5-49）。

分部分项工程量清单与计价表

表 5-49

序号	项目编码	项目名称	项目特征描述	计量单位	工程量	金额（元）		
						综合单价	合价	其中：暂估价

【实训 5-7】 题同【实训 5-2】，若人工挑抬 100m，人工 58 元/工日、草皮 2.0 元/m^2、基肥 18 元/kg、种植土 35 元/m^3，编制分部分项工程量清单计价表。

解： 1. 针对清单项目进行组价，计算组价的工程量（表 5-50）。

工 程 量 计 算 书 　　　　　　表 5-50

序号	清单项目名称	组价子目名称	单位	工程量	计算公式

2. 组价过程，计算清单综合单价（表 5-51）。

清 单 组 价 表 　　　　　　表 5-51

清单项目				清单所含组项					
项目名称 项目编码	计量单位	清单数量	清单综单价（元）	计价编号	计价表项目名称	计量单位	工程量	综合单价（元）	合价（元）
A	B	C	D=ΣJ÷C	E	F	G	H	I	J=ΣHI

3. 编制工程量清单计价表（表5-52）。

分部分项工程量清单与计价表　　　　　　表5-52

序号	项目编码	项目名称	项目特征描述	计量单位	工程量	金额（元）		
						综合单价	合价	其中：暂估价

【实训5-8】 题同【实训5-3】若人工60元/工日、1.5m高白果笋95元、2.2m高白果笋145元、3.2m高白果笋140元，编制分部分项工程量清单计价表。

解：1. 针对清单项目进行组价，计算组价的工程量（表5-53）。

工 程 量 计 算 书　　　　　　表5-53

序号	清单项目名称	组价子目名称	单位	工程量	计算公式

2. 组价过程，计算清单综合单价（表5-54）。

清 单 组 价 表　　　　　　表5-54

清单项目				清单所含组项					
项目名称	计量单位	清单数量	清单综单价（元）	计价编号	计价表项目名称	计量单位	工程量	综合单价（元）	合价（元）
A	B	C	D=ΣJ÷C	E	F	G	H	I	J=ΣHI

3. 编制工程量清单计价表

分部分项工程量清单表见表5-55。

分部分项工程量清单与计价表　　　　　　表5-55

序号	项目编码	项目名称	项目特征描述	计量单位	工程量	金额（元）		
						综合单价	合价	其中：暂估价

【实训5-9】 题同【实训5-4】，若双轮车运土150m；人工58元/工；材差不调；三类

工程编制分部分项工程量清单计价表。

解： 1. 针对清单项目进行组价，计算组价的工程量，见表5-56。

工 程 量 计 算 书　　　　　　　　表 5-56

序号	清单项目名称	组价子目名称	单位	工程量	计算公式

2. 组价过程，计算清单综合单价，见表5-57。

清 单 组 价 表 表 5-57

清单项目				清单所含组项					
项目名称	计量单位	清单数量	清单综单价（元）	计价编号	计价表项目名称	计量单位	工程量	综合单价（元）	合价（元）
A	B	C	D=ΣJ÷C	E	F	G	H	I	J=ΣHI

3. 编制工程量清单计价表（表5-58）。

分部分项工程量清单与计价表 表 5-58

序号	项目编码	项目名称	项目特征描述	计量单位	工程量	金额（元）		
						综合单价	合价	其中：暂估价

【实训 5-10】 题同【实训 5-5】若分部分项工程费 5600000 元。三类工程，人工，材料不调整，编制措施项目工程量清单计价表。

解： 见表 5-59、表 5-60。

措施项目清单与计价表（一） 表 5-59

序号	项目编码	项目名称	计算基础	费率	金　额

措施项目清单与计价表（二） 表 5-60

序号	项目编码	项目名称	项目特征描述	计量单位	工程量	金额（元）		
						综合单价	合价	其中：暂估价

【实训 5-11】题【实例 5-6】 栽植绿篱（小叶女贞）综合单价分析表填写。见表 5-61

工程量清单综合单价分析表　　　　　　　　　　　　　　　表 5-61

项目编码			项目名称				计量单位			
清单综合单价组成明细										
定额编号	定额名称	定额单位	数量	单价				合价			
				人工费	材料费	机械费	管理费和利润	人工费	材料费	机械费	管理费和利润
人工单价		小计									
元/工日		未计价材料费									
清单项目综合单价											

材料费明细	主要材料名称、规格、型号			单位	数量	单价（元）	合价（元）	暂估单价（元）	暂估合价（元）
	其他材料费					—		—	
	材料费小计					—		—	

【实训 5-12】题【实例 5-8】　石笋安装综合单价分析表填写。见表 5-62。

工程量清单综合单价分析表　　　　　　　　　　　　　　　表 5-62

项目编码			项目名称				计量单位			
清单综合单价组成明细										
定额编号	定额名称	定额单位	数量	单价				合价			
				人工费	材料费	机械费	管理费和利润	人工费	材料费	机械费	管理费和利润
人工单价		小计									
元/工日		未计价材料费									
清单项目综合单价											

主要材料名称、规格、型号	单位	数量	单价(元)	合价(元)	暂估单价(元)	暂估合价(元)
材料费明细						
其他材料费			—		—	
材料费小计						

综 合 实 训 二

编制大龙湖公园园林工程工程量清单文件。(施工图纸见 P142～P147 附图)

综 合 实 训 三

编制大龙湖公园园林工程工程量清单计价文件。(施工图纸见 P142～P147 附图)

项目六　园林工程结算文件的编制

【学习目标】

了解：园林工程结算的含义、意义、分类、工程预付款、竣工结算的含义。

熟悉：园林工程竣工结算编制的依据、竣工结算包括的内容、竣工结算文件编制的程序与方法。

掌握：工程价款结算的计算、竣工结算文件的编制。

单元一　概　　述

园林工程的计价过程存在周期长、个体差异大、动态变化频率高、资金使用量大、管理层次复杂等许多特点，为了合理使用工程建设资金，必须分期分批对工程的实施效果进行清算，并按照工程承包合同条款的规定向承包商支付工程价款，才能保证工程施工进度的需要。

一、园林工程结算的含义

园林工程结算，即园林工程价款结算，是指承包商在完成工程承包合同规定的工程项目后，依据工程承包合同中关于付款条款的规定和已经完成的工程量，按照规定的程序向建设单位计算已完项目工程造价并收取相应工程价款的一项经济活动。

二、园林工程结算的意义

工程价款结算与竣工结算是工程项目承包中的一项十分重要的工作，其重要意义表现在以下几个方面：

1. 工程价款结算回收是反映工程进度的主要指标

在施工过程中，工程价款结算回收的依据之一就是按照已完成的工程量进行结算，也就是说，承包商完成的结算工程量越多，所应结算回收的工程价款就应越多。所以，根据统计已结算回收的工程价款占合同总价款的比例，能够反映出工程的进度情况，并有利于准确掌握工程进度。

2. 工程价款结算回收是加速资金周转的重要环节

承包商能够尽快尽早地结算回收工程价款，有利于偿还债务，也有利于资金的回笼，降低内部运营成本，通过加速资金周转，提高资金使用的有效性。

3. 工程价款结算回收是考核经济效益的重要指标

对于承包商来说，只有工程价款如数结算回收，才能确保企业的经营收入不受损失，也避免了加大企业经营成本，承包商也才能够获得相应的利润，进而达到良好的经济效益。

三、园林工程结算分类

总体上来说园林工程结算分两类：

（一）园林工程价款结算

由于施工企业流动资金有限和园林工程产品的生产特点，一般都不是等到工程全部竣工后才结算工程价款。为了及时反映工程进度和施工企业的经营成果，使施工企业在施工过程中消耗的流动资金能及时得到补偿，目前一般对工程价款都实行中间结算的办法。因此，工程价款结算也叫工程中间结算，即为了及时体现施工企业的经营成果和补偿其在施工过程中的消耗，在工程施工的中间时间，向建设单位办理已完成工程价款清算的经济文件。主要包括工程预付备料款结算和工程进度款结算。

1. 工程备料款结算：按照我国现行的规定，为了保证园林工程施工的顺利进行，园林工程施工所需的备料周转金应由建设单位按照园林绿化施工合同在工程开工前向施工单位提供。然后再分期按园林绿化工作量完成进度情况，将预付备料款陆续抵充工程款。即使是使用金融机构贷款或拨款时，仍要向施工单位提供一定数量的备料款。

2. 工程进度款结算：是指园林施工企业按照合同的规定，按工程进度，向建设单位办理已完成园林工程价款的经济文件。

从时间上来看，结算又分：

（1）按月结算。即实行每月结算一次工程款，竣工后清算的办法。跨年度竣工的工程，在年终进行工程盘点，办理年度结算。

（2）竣工后一次结算。建设项目或单项工程全部园林工程工期在 12 个月以内，或者工程承包合同价在 100 万以下的可以实行开工前支付一定的预付款，或者加上工程款每月预支，竣工后一次结算的方式。

（3）分段结算。即按照工程形象进度，划分不同阶段进行结算。分段结算可以按月预支工程款。

（4）其他结算方式。结算双方可以约定采用并经开户银行同意的其他结算方式。

实行竣工后一次结算和分段结算的工程，当年结算的工程应与年度完成工程量一致，年终不另清算。

我国现行工程价款结算中，相当一部分是实行按月结算。这种结算办法是根据工程进度，按已完分部分项工程这一"假定园林工程产品"为对象，按月结算（或预支），待工程竣工后再办理竣工结算，一次结清，找补余款。

（二）园林工程竣工结算

园林工程竣工结算是指园林施工企业所承包的工程按照合同规定全部竣工并经建设单位和有关部门验收点交后，由施工单位根据施工过程中实际发生的变更情况对原施工图预算或工程合同造价进行增减调整修正，再经建设单位审查，确定的工程实际造价。

在开工前编制的园林工程施工图预算只能反映园林工程的预期造价。施工过程中，由于各方面原因造成工程的变更，使工程造价发生变化，为了如实地反映竣工工程造价，竣工后必须及时办理竣工结算。

单元二　园林工程价款结算的计算

一、工程预付款的计算及回扣

(一) 工程预付款的含义

施工企业承包工程，一般都实行包工包料，需要有一定数量的备料周转金，我国目前是由建设单位在开工前拨给施工企业一定数额的预付款（预付备料款），构成施工企业为该承包工程项目储备和准备主要材料、结构构件所需要的流动资金。

发包人应按照合同约定支付工程预付款。支付的工程预付款，按照合同约定在工程进度款中抵扣。

预付款的支付和抵扣原则：

发包人应按合同约定的时间和比例（或金额）向承包人支付工程预付款。当合同对工程预付款的支付没有约定时，按照财政部、建设部印发的《建设工程价款结算暂行办法》（财建〔2004〕369 号）的规定办理：

1. 工程预付款的额度：包工包料的工程原则上预付比例不低于合同金额（扣除暂列金额）的 10%，不高于合同金额（扣除暂列金额）的 30%；对重大工程项目，按年度工程计划逐年预付。实行工程量清单计价的工程，实体性消耗和非实体性消耗部分应在合同中分别约定预付款比例（或金额）。

2. 工程预付款的支付时间：在具备施工条件的前提下，发包人应在双方签订合同后的一个月内或约定的开工日期前的 7 天内预付工程款。

若发包人未按合同约定预付工程款，承包人应在预付时间到期后 10 天内向发包人发出要求预付的通知，发包人收到通知后仍不按要求预付，承包人可在发出通知 14 天后停止施工，发包人应从约定应付之日起按同期银行贷款利率计算，向承包人支付应付预付款的利息，并承担违约责任。

3. 凡是没有签订合同或不具备施工条件的工程，发包人不得预付工程款，不得以预付款为名转移资金。

(二) 预付备料款的拨付计算

1. 工程备料款的收取：施工企业向建设单位收取的工程备料款是用于准备某一时段施工中所需的材料，而这一时段就是所使用材料储备时间，材料储备时间与当地材料供应情况有关。

预收备料款数额＝每天使用主要材料费×材料储备天数

每天使用主要材料费＝（工程合同价款×主要材料比重）/工程计划工期

因此，预收备料款数额可由下式进行计算：

预收备料款数额＝{（工程合同价款×主要材料比重）/工程计划工期}×材料储备天数，采用上式确定备料款数额比较困难，因此，实际工作中引入工程备料款额度，即

工程备料款数额＝（主要材料比重×材料储备天数）/工程计划工期

而上式中的工程备料款额度，通常在施工合同中规定一个百分数，由此，可以比较简便的计算工程备料款数额。即：

工程备料款数额＝工程合同价款×工程备料款额度

在实际工作中，备料款的数额，要根据工作类型、合同工期、承包方式和供应方式等不同条件而定。一般不应超过当年工作量或合同价款的 30%。工程施工合同中应当明确预付备料款的数额。

【实例 6-1】 某园林施工企业承包某项园林工程，合同造价为 300 万元，工程施工承包合同中规定，苗木备料款额度为 28%。计算苗木备料款。

解： 苗木备料款数额＝300 万元×28%＝84 万元

2. 预付备料款的扣回

建设单位拨付给施工企业的备料款，应根据周转情况陆续抵充工程款。备料款属于预付性质，在工程后期应随工程所需材料储备逐渐减少，以抵充工程价款的方式陆续扣还。具体如何逐次扣还，应在施工合同中约定。常用扣还办法有三种：一是按照公式计算起扣点和抵扣额；二是按照当地规定协商确定抵扣备料款；三是工程最后一次抵扣备料款。

在实际工作中，有些工程工期较短（例如在 3 个月以内），就无需分期扣还；有些工程工期较长，如跨年度工程，其备料款的占用时间很长，根据需要可以少扣或不扣。在一般情况下，工程进度达到 60% 时，开始抵扣预付备料款。

（1）从未完工程尚需的主要材料和构配件的价值相当于备料款数额时起扣

这种方法先计算出起扣点，完成工程的造价在起扣点均不需要扣备料款，超过起扣点后，于每次结算工程价款时，按材料比重扣抵工程价款，竣工前全部扣清。

起扣点计算公式推导如下：

未完成工程尚需主要材料总值＝未完成工程价值×主要材料比重

$$未完成工程价值＝\frac{预付备料款}{主要材料比重}$$

$$起扣点＝起扣时已完工程价值＝施工合同总值－未完工程价值$$

$$＝施工合同总值－\frac{预付备料款}{主要材料比重}$$

应扣还的预付备料款，按下列公式计算：

第一次扣抵额＝（累计已完工程价值－起扣点）×主要材料比重

以后每次扣抵额＝每次完成工程价值×主要材料比重

（2）协商确定扣还备料款

按公式计算确定起扣点和抵扣额，理论上较为合理，但手续较繁。实践中参照上述公式计算出起扣点，在施工合同中采用协商的起扣点和采用固定的比例扣还备料款办法，承发包双方共同遵守。例如：规定工程进度达到60%开始抵扣备料款，扣回的比例按每完成10%进度扣预付备料款总额的25%。

（3）工程最后一次抵扣备料款

该法适合于造价不高、工程简单、施工期短的工程。备料款在施工前一次拨付，施工过程中不作抵扣，当备料款加已付工程款达到合同价款的90%时，停付工程款。

工程备料款的抵扣：工程备料款是作为准备工程的周转金，当工程进入某一阶段，不再需要备料周转金时，施工企业就应该陆续退还工程备料款给建设单位，而建设单位用此部分费用来抵充应支付给施工企业的工程进度款，这就是工程备料款的抵扣。在工程全部竣工前，工程备料款应全部抵扣完。

工程备料款开始抵扣应以未完工程所需主要材料费刚好同工程备料款相等为原则，即：

工程备料款＝（工程合同价款－已完工程价款）×主要材料比重

备料款开始抵扣时工程进度＝1－工程备料款额度/主要材料比重

【实例6-2】 某园林施工企业承包某项园林工程，合同造价为300万元，工程施工承包合同中规定，苗木备料款额度为28%。假设苗木费占合同造价的70%。计算苗木备料款开始抵扣的工程进度。

解： 苗木备料款开始抵扣的工程进度＝1－28%/70%＝60%

即工程完成60%以后的工程进度支付中，要进行苗木备料款的抵扣。

二、工程进度款结算的计算

工程进度款结算所得的金额，是用于补偿在某一时期施工企业所消耗的人力和物力。其结算金额的计算要以本期施工企业所完成的工程量大小来进行，并且考虑工程备料款是否需要抵扣。因此，工程进度款结算可分为下列两种情况进行：

1. 未达到抵扣工程备料款情况下的工程进度款的结算：应收取的工程进度款＝Σ（本期完成各分项工程量×相应单价）＋相应该收取的其他费用

2. 已达到抵扣工程备料款情况下的工程进度款的结算：应收取的工程进度款＝{Σ（本期完成各分项工程量×相应单价）＋相应该收取的其他费用}×（1－主材比重）

【实例6-3】 某园林施工企业承包某项园林工程，合同造价为300万元，工程施工承包合同中规定，苗木备料款额度为28%。假设苗木费占合同造价的70%。施工企业在某月的工程进度从55%到70%，此月完成合同造价的15%。试计算此月施工企业应收取的工程进度款是多少？

解： 由于该工程的苗木备料款抵扣的工程进度为60%，因此，当月的工程进度款计算应分为两种情况计算：

（1）不抵扣苗木备料款（进度55%～60%）

应收取进度款＝300万元×（60%－55%）＝15万元

（2）应抵扣苗木备料款（进度60%～70%）应收取的进度款＝300万元×（70%－60%）×（1－70%）＝9万元

当月施工企业应收取的苗木进度款为 15 万元＋9 万元＝24 万元

故当月底施工企业应向建设单位收取苗木进度款为 24 万元。

三、工程变更价款结算

1. 工程变更概念

工程变更是指全部合同文件的任何部分的改变，不论是形式的、质量的或数量的变化，称之为工程变更。工程变更包括设计变更、施工条件变更、原招标文件和工程量清单中未包括的"新增工程"。其中最常见的是设计变更和施工条件的变更。

2. 工程变更价款处理

工程变更通常涉及工程费用的变动和施工工期的变化，对合同价有较大的影响，需要调整合同价，应密切注意对工程变更价款的处理。财政部、建设部关于印发《建设工程价款结算暂行办法》的通知（财建［2004］369 号）第八条规定调整因素包括：

（1）法律、行政法规和国家有关政策变化影响合同价款；

（2）工程造价管理机构的价格调整；

（3）经批准的设计变更；

（4）发包人更改经审定批准的施工组织设计（修正错误除外）造成费用增加；

（5）双方约定的其他因素。

3. 变更合同价款调整原则

（1）合同中已有适用于变更工程的价格，按合同已有的价格变更合同价款；

（2）合同中只有类似于变更工程的价格，可以参照类似价格变更合同价款；

（3）合同中没有适用或类似于变更工程的价格，由承包人或发包人提出适当的变更价格，经对方确认后执行。如双方不能达成一致的，双方可提请工程所在地工程造价管理机构进行咨询或按合同约定的争议或纠纷解决程序办理。

四、水电的结算

施工用水电应由建设单位向供水供电部门申请装总表后，由施工企业在现场装分表计量，按预算价付给建设单位。如施工企业装表计量有困难，由建设单位提供水电。在竣工结算时，按定额含量乘以预算单价付给建设单位。施工现场内施工人员的生活用水电按实际发生金额支付。

单元三　园林工程竣工结算文件的编制

一、竣工结算的含义

指单位工程竣工后，施工单位根据施工实施过程中实际发生的变更情况，对原施工图预算工程造价或工程承包价进行调整、修正、重新确定园林工程造价的经济文件。

虽然承包商与业主签订了工程承包合同，按合同价支付工程价款，但是，施工过程中往往会发生土质条件的变化、设计变更、业主新的要求、施工情况发生了变化等等。这些变化通过工程索赔已确认，那么，工程竣工后就要在原承包合同价的基础上进行调整，重新确定工程造价。这一过程就是编制工程结算的主要过程。

园林工程竣工结算与园林工程预算相比显得更为重要。因为竣工结算标志着该园林工程造价的最后认定，一旦出现错误，将会造成承发包双方中的一方无法挽回的经济损失。竣工结算的编制是在原经审定的园林工程预算或工程承包价的基础上，根据工程施工的具体情况进行相关费用调整，其编制方法与园林工程施工图预算或园林工程清单计价基本相同。

"竣工结算价"是在承包人完成施工合同约定的全部工程内容，发包人依法组织竣工验收合格后，由发、承包双方按照合同约定的工程造价条款，即合同价、合同价款调整以及索赔和现场签证等事项确定的最终工程造价。

二、竣工结算编制的依据

园林工程竣工结算编制的质量取决于编制依据及原始材料的积累。一般依据如下：

1. 招标文件、投标文件或园林工程施工图预算园林工程清单计价；

2. 设计图纸交底或图纸会审的会议纪要及设计变更记录；

3. 工程施工合同；

4. 施工记录或施工签证单；

5. 各种验收资料；

6. 停工（复工）报告；

7. 竣工图；

8. 其他费用，凡不属于施工图及其计价应包括的范围，而这些费用又是有明文规定或因实际施工的需要，经双方同意所发生的费用项目，一般表现为计价外现场签证；

9. 材料设备和其他各项费用的调价记录和依据；

10. 有关定额、计价文件、补充协议等其他各种结算资料。

三、竣工结算包括的内容

竣工结算一般包括下列内容：

1. 封面

内容包括：工程名称、建设单位、工程面积、结算造价、编制日期等，并设有施工单位、审查单位以及编制人、复核人、审核人的签字盖章的位置。

2. 园林工程竣工结算总说明

内容包括：工程概况；结算范围、编制依据；工程变更；工程价款调整；索赔；双方协商处理的事项及其他必须说明的问题等。相应表格见下表。

投标人报送竣工结算：见表 6-1。

总 说 明	表 6-1

1. 工程概况：
2. 竣工结算编制依据：
3. 应说明的问题：
4. 结算价分析说明：

发包人核对竣工结算总说明：见表 6-2。

总 说 明	表 6-2

1. 工程概况：
2. 竣工结算核对依据：
3. 核对情况说明：
4. 结算价分析说明：

3. 园林工程竣工结算汇总表：包括各单位工程结算造价、技术经济指标

内容包括：费用名称、费用计算基础、费率、计算式、费用金额等。

4. 园林工程各单位工程结算表，包括结算计算分析表

内容包括：定额编号、分部分项工程名称、计量单位、工程量、综合单价、合价、人工费等。或项目编码、项目名称、项目特征、计量单位、工程量、清单综合单价、清单综合单价分析表等。

5. 附表

内容包括：工程量增减计算表、材料差价计算表、补充综合单价分析表等。

园林工程竣工结算主要涉及以下几方面的工作：

（1）原计价书的最终认定

在原计价书的工程造价计算中，由于某些原因如国家出台了新的调价政策等，将会使其费用发生变化，在竣工结算中必须加以确认。主要包括：

①原计价书中编制依据的认定。

②原计价书中费用构成的认定。

③原计价书中各项取费的认定。

④各省、市、地区建设主管部门规定的调价金额、调价系数的认定。

（2）工程变更

工程变更包括设计变更及其他能引起施工合同内容变化的变更，工程变更将会引起施工成本发生变化，因此原合同价应作相应调整。

园林工程设计变更通常是指园林工程设计图完成后，由于某种原因对原设计图提出的补充或修改。其补充或修改属补充性设计文件，是原设计文件的组成部分。

（3）施工索赔

在园林工程施工中，由于当事人违约、不可抗力事件、合同缺陷、合同变更、工程师指令及其他第三方原因等，业主与承包商都有可能由于自身的原因或应承担的费用风险，引起对方成本增加，因此便产生费用索赔或反索赔。在竣工结算中应进行相应费用的调整，其内容一般包括：

①非施工单位原因现场停水停电时间较长，超过包干范围，业主应给以签证进行经济补偿等原因。

②业主供料不及时，施工企业虽然采取了现场调整等补救措施，但无法完全避免由此带来的经济损失，业主应给以签证进行经济补偿。

③工程师指令加快施工进度，其措施费用由合同约定条件补偿或约定的奖惩办法解决。

④零星铲除、清理等在合同和定额规定以外成本支出，业主应给以签证进行经济补偿。

⑤主要园林绿化材料代用引起的费用增减，应经双方协商同意，在竣工结算时调整。

⑥施工过程中的返工、工程质量检验、二次检验，造成的成本增加，应分清责任和风险。若属业主部分或全部承担，计入竣工结算。

⑦不在定额范围之内的一些零星用工发生的人工费。

总之，竣工结算所涉及的内容比较广泛，无论是哪种情况，均应在发生时完善相应手续或签证，在此基础上才能纳入竣工结算，进行相关费用的增减调整。索赔与现场签证计价汇总表。见表6-3。

索赔与现场签证计价汇总表　　　　　　　表6-3

序号	签证及索赔项目名称	计量单位	数量	单价（元）	合价（元）	索赔及签证依据
1	暂停施工					
	（其他略）					
—	本页小计	—	—	—		
—	合　计	—	—	—		

费用索赔申请（核准）表见表6-4。

费用索赔申请（核准）表　　　　　　　表6-4

工程名称：　　　　　　　　　标段：　　　　　　编号：001

致：××项目部

根据施工合同条款　第××　条的约定，由于　你方工作需要的　原因，我方要求索赔金额（大写）＿＿＿＿＿（小写＿＿＿＿＿），请予核准。

附：1. 费用索赔的详细理由和依据：根据发包人"关于暂停施工的通知"。详附件1

2. 索赔金额的计算：详附件2

3. 证明材料：监理工程师确认的现场工人、机械、周转材料数量及租赁合同（略）

承包人（章）（略）
承包人代表×××
日期××××年×月×日

复核意见：　　根据施工合同条款第××条的约定，你方提出的费用索赔申请经复核： ☐不同意此项索赔，具体意见见附件。 ☑同意此项索赔，索赔金额的计算，由造价工程师复核。 　　　　　　　　　监理工程师 ××× 　　　　　　　　　日期××××年×月×日	复核意见：　　根据施工合同条款第××条的约定，你方提出的费用索赔申请经复核，索赔金额为（大写＿＿＿＿＿）（小写＿＿＿＿＿）。 　　　　　　　　　造价工程师××× 　　　　　　　　　日期××××年×月×日

审核意见：

☐不同意此项索赔

☑同意此项索赔，与本期进度款同期支付。

发包人（章）（略）
发包人代表×××
日期××××年×月×日

费用索赔申请（核准）表附件见表 6-5、表 6-6。

附件 1

关于暂停施工的通知　　　　　　　　　**表 6-5**

××项目部：

　　鉴于你项目部承建的 <u>××</u> 园林工程已完成，经建设办研究，决定于××年×月×日下午组织有关人员查看施工质量。请你们配合参观检查工作。

　　特此通知。

办公室（章）
××年×月×日

附件 2

索赔费用计算表　　　　　　　　　**表 6-6**

一、人工费
二、材料费
三、机械费
四、管理费
五、利润
索赔费用合计：

编号：第××号

　　（4）园林绿化材料价差

　　由于市场价格在不断变化，由此造成园林绿化材料的市场实际价格与地区材料计价价格出现差异，必然引起工程材料费发生变化，在办理竣工结算时应按规定进行调整。

四、竣工结算文件编制的程序与方法

　　单位工程竣工结算的编制，是在施工图预算或清单计价的基础上，根据业主和监理工程师确认的设计变更资料、修改后的竣工图、其他有关工程索赔资料，先进行分部分项费、措施项目费的增减调整计算，再按取费标准计算各项费用，最后汇总为工程结算造价。其编制程序和方法概述为：

　　（1）收集、整理、熟悉有关原始资料；

　　（2）深入市场，对照观察竣工工程；

　　（3）认真检查复核有关原始资料；

　　（4）计算调整工程量；

（5）套价，计算调整相关费用；

（6）计算结算造价。

编制竣工结算一般有两种方法：

（1）在审定的定额价格清单价格或合同价款总额基础上，根据变更资料计算，在原计价文件做出调整。

（2）根据竣工图、原始资料、计价定额及有关规定，按定额计价法或清单计价法，重新进行计算。这种编制方法，工作量大，但完整性好与准确性强，适用于工程变更较大、变更项目较多的工程。

五、竣工结算文件的编制

编制竣工结算时，分部分项工程费中的工程量应依据发、承包双方确认的工程量；综合单价应依据合同约定的单价计算。如发生了调整的，以发、承包双方确认调整后的综合单价计算。

措施项目费应依据合同约定的措施项目和金额或发、承包双方确认调整后的措施项目费金额计算。措施项目费中的安全文明施工费应按照国家或省级、行业建设主管部门的规定计算。施工过程中，国家或省级、行业建设主管部门对安全文明施工费进行了调整的，措施项目费中的安全文明施工费应作相应调整。

其他项目费在办理竣工结算时，

1. 计日工的费用应按发包人实际签证确认的数量和合同约定的相应单价计算；

2. 当暂估价中的材料是招标采购的，其单价按中标价在综合单价中调整。当暂估价中的材料为非招标采购的，其单价按发、承包双方最终确认的单价在综合单价中调整。

当暂估价中的专业工程是招标采购的，其金额按中标价计算。当暂估价中的专业工程为非招标采购的，其金额按发、承包双方与分包人最终确认的金额计算。

3. 总承包服务费应依据合同约定金额计算，发、承包双方依据合同约定对总承包服务费进行了调整，应按调整后的金额计算。

4. 索赔事件产生的费用在办理竣工结算时应在其他项目费中反映。索赔费用的金额应依据发、承包双方确认的索赔项目和金额计算。

5. 现场签证发生的费用在办理竣工结算时应在其他项目费中反映。现场签证费用金额应依据发、承包双方签证确认的金额计算。

6. 合同价款中的暂列金额在用于各项价款调整、索赔与现场签证后，若有余额，则余额归发包人，若出现差额，则由发包人补足并反映在相应的工程价款。

规费和税金的计取原则，竣工结算中应按照国家或省级、行业建设主管部门对规费和税金的计取标准计算。

六、编制竣工结算应注意的问题

在编制竣工结算时所进行的费用调整应具有充分的依据。因此，应特别注意以下几点：

1. 调整的内容范围是否符合规定。涉及竣工结算的每一份经济洽商都应考虑其洽商内容与计价定额及应取费用的相应项目内容是否符合规定，有无重复列项和漏项的内容。如有应及时给予修正。

2. 签证手续是否符合规定。经济洽商都应有双方同意签证后的盖章和经办人员签名，涉及设计变更的经济洽商还应有三方即设计、承包方和发包方的盖章与经办人员签名才能成立。

否则，即认定手续不齐全，需审查原因，查清后或核减或补齐手续再行调整。

3. 经济洽商资料是否符合规定。有些经济洽商虽属应调整之列，也有各方盖章和签名，但调整增减费用与应变更的依据不符合规定，资料不齐全或洽商记录含糊不清，使结算工作查无实据。如遇此类情况，应查明虚实，补齐资料和依据。

4. 经济洽商报送时间的规定。结算中应注意经济洽商签发的时间，明确在原计价中是否已经考虑，避免对某一些经济洽商所涉及费用的重复计算和漏算。

5. 主要材料价格依据。主要材料价差的调整应注意对材料实际价格的认定工作，如材料购买的发票价格的签认或市场材料价格信息的认定等。若有关签证手续不齐，应及时补办。

6. 园林主管部门的各项规定的完整性。

小　　结

本项目分三部分，首先介绍了结算的含义、意义和分类。然后介绍了园林工程工程价款的计算。重点介绍了竣工结算的含义、编制的依据、内容、编制的程序与方法，竣工结算文件的编制，编制竣工结算应注意的问题。

思　考　题

1. 谈谈园林工程结算的含义。园林工程结算的意义有哪些。
2. 谈谈园林工程结算的分类。
3. 谈谈工程预付款的含义。什么是工程备料款？
4. 谈谈竣工结算的含义。竣工结算编制的依据有哪些？
5. 谈谈竣工结算包括的内容。
6. 谈谈竣工结算文件编制的程序与方法。

单 项 实 训 六

【实训6-1】 某园林施工企业承包某项园林工程，合同造价为1200万元，工程施工承包合同中规定，苗木备料款额度为30%。计算苗木备料款数额。

解：

【实训 6-2】 某园林施工企业承包某项园林工程，合同造价为 1200 万元，工程施工承包合同中规定，苗木备料款额度为 30%。假设苗木费占合同造价的 80%。计算苗木备料款开始抵扣的工程进度。

解：

【实训 6-3】 某园林施工企业承包某项园林工程，合同造价为 1200 万元，工程施工承包合同中规定，苗木备料款额度为 30%。假设苗木费占合同造价的 80%。施工企业在某月的工程进度从 50% 到 70%，此月完成合同造价的 15%。试计算此月施工企业应收取的苗木进度款是多少？

解：

附录：定额计价模式与清单计价模式的区别

定额计价模式与清单计价模式的区别 附表-1

1. 编制工程量的单位不同

传统定额计价法是：建设工程的工程量分别是由招标单位和投标单位分别按图纸计算；

工程量清单计价是：工程量由招标单位统一计算或委托有工程造价咨询资质的单位统一计算，"工程量清单"是招标文件的重要组成部分，各投标单位根据招标人提供的"工程量清单"，根据自身的技术装备、施工经验、企业成本、企业定额、管理水平自主填写报单价

2. 编制工程量的时间不同

传统的定额计价法是在发出招标文件后编制（招标与投标人同时编制或投标人编制在前，招标人编制在后）；工程量清单计价法必须在发出招标文件前编制

3. 表现形式不同

采用传统的定额计价法一般是总价形式；工程量清单计价法采用综合单价形式，综合单价包括人工费、材料费、机械使用费、管理费、利润，并考虑风险因素。工程量清单计价有直观、单价相对固定的特点，工程量发生变化时，单价一般不作调整

4. 编制依据不同

传统的定额计价法依据：图纸，人工、材料、机械台班消耗量依据建设行政主管部门颁发的预算定额，人工、材料、机械台班单价依据工程造价管理部门发布的价格信息进行；工程量清单计价，根据原建设部第107号令规定，标底的编制根据招标文件中的工程量清单和有关要求、施工现场情况、合理的施工方法以及按建设行政主管部门制定的有关工程造价计价办法编制。企业的投标报价则根据企业定额和市场价格信息，或参照建设行政主管部门发布的社会平均消耗量定额和市场价格信息编制

5. 费用组成不同

传统定额计价法的工程造价由直接工程费、措施费、间接费、利润、税金组成。工程量清单计价法工程造价包括：分部分项工程费、措施项目费、其他项目费、规费、税金；包括完成每项工程包含的全部工程内容的费用（规费、税金除外）；包括工程量清单中没有体现但施工中又必须发生的工程内容所需的费用；包括因风险因素而增加的费用

6. 评标所用的方法不同

传统定额计价投标一般采用百分制评分法。采用工程量清单计价法投标，一般采用合理低报价中标法，既要对总价进行评分，还要对综合单价进行分析评分

7. 项目编码不同

传统的定额计价法，全国各省市采用不同的定额子目；采用工程量清单计价全国实行统一编码，项目编码采用12位阿拉伯数字表示。一至九位为统一编码，其中，一、二位为专业工程顺序码，三、四位为附录顺序码，五、六位为分部工程顺序码。七至九位为分项工程顺序码，十至十二位为清单项目名称顺序码。前九位码不能变动，后三位码，由清单编制人根据清单项目编制

8. 合同价调整方式不同

传统的定额计价法合同价调整方式有变更签证、定额解释、政策性调整；工程量清单计价法合同价调整方式主要是索赔。工程量清单的综合单价一般通过招标中报价的形式体现，一旦中标，报价作为签订施工合同的依据相对固定下来，工程结算按承包商实际完成工程量乘以清单中相应的单价计算。这样减少了调整活口。采用传统的定额计价法经常有定额解释及定额规定，结算中又有政策性文件调整。工程量清单计价单价不能随意调整

9. 投标计算口径达到了统一

因为各投标单位都根据统一的工程量清单报价，达到了投标计算口径统一。不再是传统定额招标，各招标单位各自计算工程量，各投标单位计算的工程量均不一致

10. 索赔事件增加

因承包商对工程量清单单价包含的工作内容一目了然，故凡建设方不按清单内容施工的，任意要求修改清单的，都会增加施工索赔事件的发生

附图：大龙湖公园园林工程
施 工 图 纸

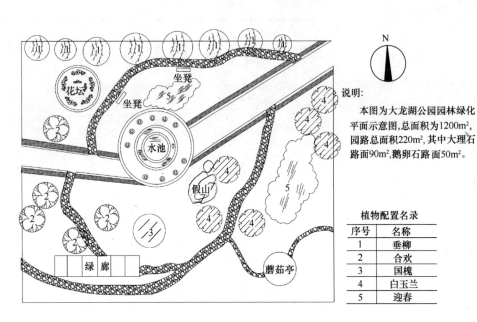

N

说明：

本图为大龙湖公园园林绿化平面示意图，总面积为1200m²，园路总面积220m²，其中大理石路面90m²，鹅卵石路面50m²。

植物配置名录

序号	名称
1	垂柳
2	合欢
3	国槐
4	白玉兰
5	迎春

附图-1　大龙湖公园园林绿化平面示意图

园路铺装

120mm厚C10混凝土
150mm厚碎石
100mm厚3:7灰土
素土夯实

±0.000

−0.37

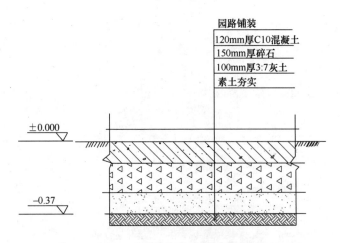

附图-2　园路局部基础剖面示意图

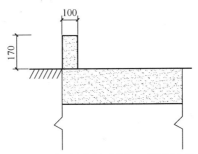

注：路牙基础垫层与图2-16相同请参看

附图-3 路牙示意图

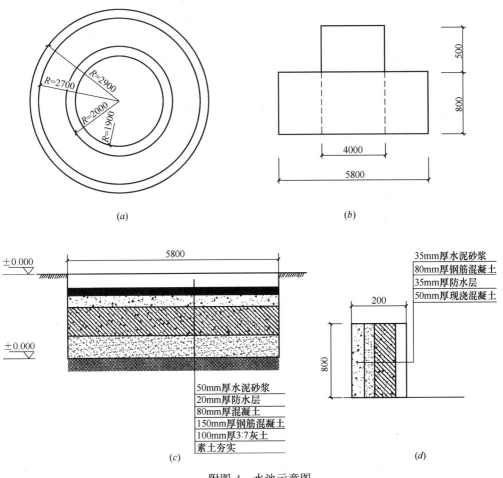

(a)

(b)

35mm厚水泥砂浆
80mm厚钢筋混凝土
35mm厚防水层
50mm厚现浇混凝土

50mm厚水泥砂浆
20mm厚防水层
80mm厚混凝土
150mm厚钢筋混凝土
100mm厚3:7灰土
素土夯实

(c)

(d)

附图-4 水池示意图

(a) 平面示意图；(b) 立面示意图；(c) 基础示意图；(d) 底层水池局部池壁剖面示意图

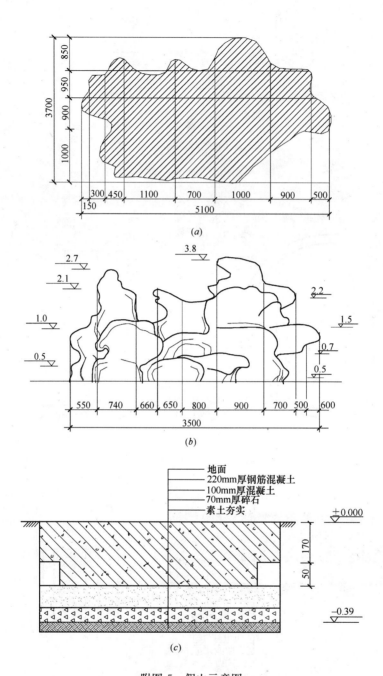

附图-5　假山示意图

(a) 平面示意图；(b) 立面示意图；(c) 基础剖面示意图

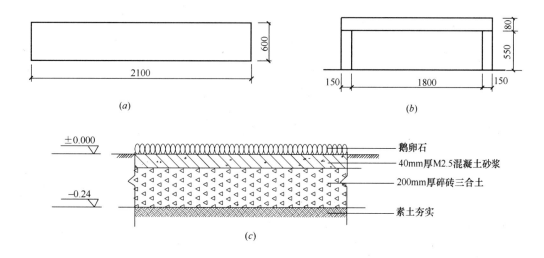

附图-6 坐凳示意图

（a）平面示意图；（b）立面示意图；（c）基础剖面示意图

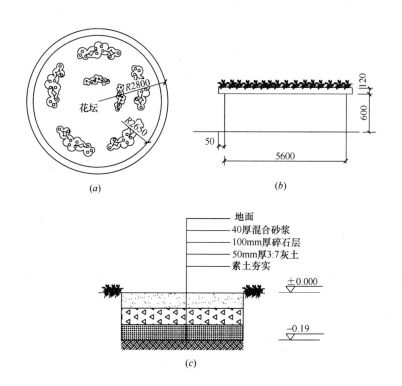

附图-7 花坛示意图

（a）平面示意图；（b）立面示意图；（c）基础剖面示意图

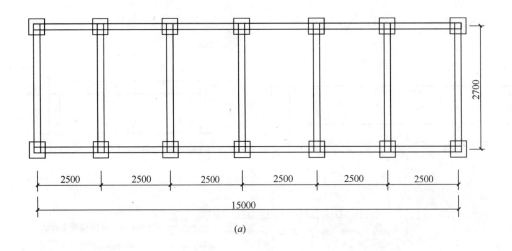

(a)

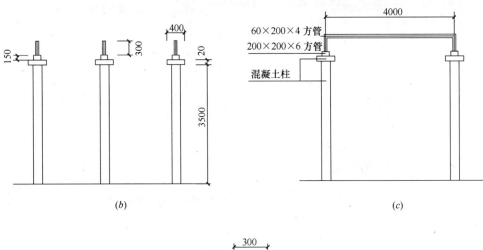

(b)   (c)

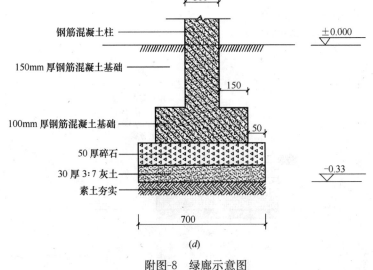

(d)

附图-8 绿廊示意图

(a) 平面示意图；(b) 正立面示意图；(c) 侧立面示意图；(d) 柱基础剖面示意图

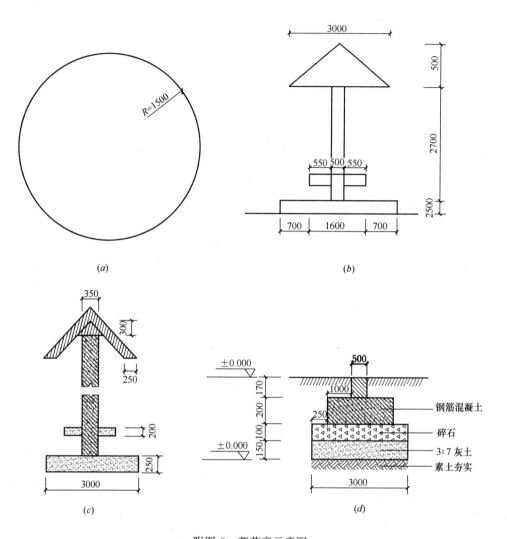

附图-9 蘑菇亭示意图

（a）平面示意图；（b）立面示意图；（c）剖面示意图；（d）基础剖面示意图

参 考 书 目

[1]　张舟. 园林工程工程量清单计价编制实例与技巧. 北京：中国建筑工业出版社，2005.9

[2]　张舟. 住宅小区景观工程工程量清单编制实例详解. 北京：中国建筑工业出版社，2009.1

[3]　张舟. 手把手教你园林工程工程量清单编制. 北京：中国建筑工业出版社，2010.6

[4]　许焕新. 新编市政与园林工程预算. 北京：中国建材工业出版社，2005.10

[5]　张国栋. 园林工程工程量清单计价编制实例. 郑州：黄河水利出版社，2008.5

[6]　张国栋. 图解园林工程工程量清单计算手册. 北京：机械工业出版社，2009.10

[7]　左新红，张国栋主编图解园林工程清单与定额对照计算手册. 北京：机械工业出版社 2009.1

[8]　杜兰芝. 园林工程工程量清单计价全程解析. 长沙：湖南大学出版社，2009.12

[9]　编写组. 园林工程预算快速培训教程. 北京：北京理工大学出版社，2009.11

[10]　本书编委会. 园林工程. 天津：天津大学出版社，2009.8

[11]　徐涛，卢鹏. 园林绿化预算知识问答(第2版)北京：机械工业出版社，2006

[12]　张文静，许桂芳. 园林植物. 郑州：黄河水利出版社，2010

[13]　张明轩. 园林工程工程量清单计价实施指南，北京：中国电力出版社，2009.5

[14]　廖雯. 工程量清单与计价. 北京：中国建筑工业出版社，2010